大展好書　好書大展
品嘗好書　冠群可期

大展好書　好書大展
品嘗好書　冠群可期

快樂健美站 11

3個月塑身計畫

在家中就可以完成！
隨時隨地都可以進行訓練

中島靖弘 主編
劉珮伶 譯

大展出版社有限公司

本書的使用方法

本書和以往的訓練書籍稍有不同。從第一章到第十二章，各自設定為一週的時間，對照左頁的「每天的檢查表」，同時，在各章的最後，以「本週的結果和下週的目標」的形態，設計了讓讀者能夠填寫自己生活狀況和實施訓練內容的表。

這個表約持續填寫三個月，三個月後就能夠得到一個全新的身體。

雖然各章設定時間為一週，但不見得每天都要完成該週介紹的訓練項目。各位翻閱本書，就可以了解各章是知識講座和訓練的組合。光是進行各週的項目，雖然能夠提升該部分的肌力與柔軟性，但是，卻無法獲得全身的效果。

因此，請先將本書閱讀一遍，如果還想要提升身體各部分或自己本身較弱部分的肌力與柔軟性，那麼，你可以另外找出適合自己的訓練形態。

這裡所介紹的訓練或伸展方法，有若干低負荷與高負荷的差距，不過，就算是初學者，也全都能夠順利完成。每週採取不同的形態搭配組合來進行訓練，這才是最重要的。

總之，每天要認真的填寫「檢查表」，持續努力，才能夠達成塑身的目的。

〔填入例1〕

●每天的檢查表

＊這個表與各章最後的「本週的結果和下週的目標」有互動關係。活動度、飲食、運動的實施欄的數字用○圈出來，填在「本週的結果和下週的目標」欄的表及圖表中。這個數字所表示的意義，在「填入例2」中加以說明。

＊體脂肪率需要以專用的測量器來測量，可活用市售能夠一併測量體脂肪率的體重計。

〔填入例2〕

●本週的結果

＊活動度、飲食、運動的數字，要與「每天的檢查表」相對應。各項目的數字越小，表示越能夠過著運動量和飲食均衡的生活。

＊先用○圈出你當天的活動度等。每天計算當天的合計點數，在下面圖表三～七的數字部分畫上記號，再以線連接起來，這就代表了本週的結果。

＊這裡所舉的例子（黑點部分），是假設為一個比較平均的上班族的生活。也就是平常忙於工作，晚上交際應酬，週休二日去爬山、打高爾夫球或和同伴享受運動之樂的生活。

＊最理想的是白圈的部分，亦即進行適度運動、具有活動性，每天能夠攝取適當的熱量。但是因為無法立刻改善生活，所以要花三個月的期間朝理想的目標邁進。

填入例・1

每天的檢查表

1月 5日（六）	天氣 ◎	體重 60 Kg	體脂肪率 25%	
本日的活動度	①具有活動性 2. 沒有活動	本日的運動	①實施　2. 未實施	
本日的飲食 不是以量而是以熱量來考慮	①適量 2. 太少 3. 太多	時間 30 分	種類 以慢跑進行肌力訓練	
備註・日記・身體狀況等 身體狀況良好。喝了一杯啤酒後，心情愉快的就寢。		感想 新的一年開始，發誓要努力運動，今天已經進入第三天了。雖然有點累，但是感覺很舒爽。		

填入例・2

●本週的結果

		一	二	三	四	五	六	日	
活動度		1 ②	1 ②	① 2	1 ②	1 ②	① 2	1 ②	12 點
飲食		12③	12③	12③	12③	12③	①23	12③	19 點
運動		1 ②	1 ②	1 ②	1 ②	1 ②	① 2	1 ②	13 點
計		7	7	6	7	7	3	7	44 點
圖表	3		○	○		○	○●		1 次
	4	○			○			○	0 次
	5								0 次
	6			●					1 次
	7	●	●		●	●		●	5 次
		一	二	三	四	五	六	日	

目錄

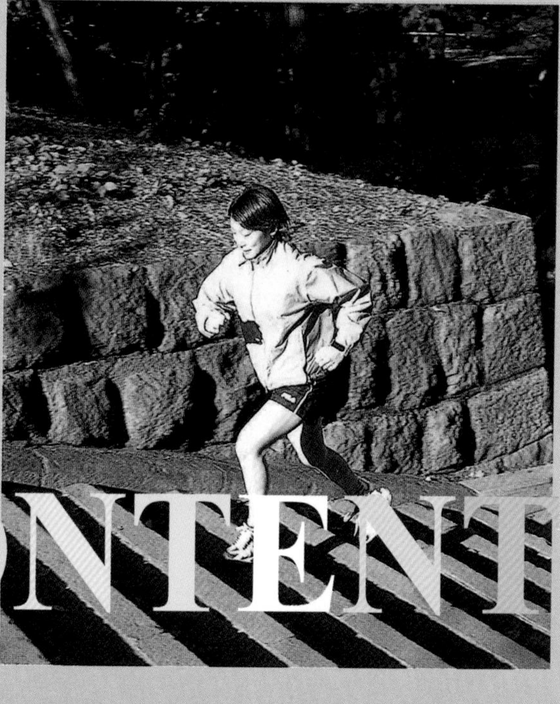

CONTENTS

第11章　身體的保養與訓練

第12章　吃力的抵抗運動與平衡球

第13章　由教練指導的訓練秘訣

●企劃・構成・編輯／EDICD、POINT UP
●採訪・執筆／山本明、羽根田治
●本文設計／WING、圖賴茲
●照片／川崎博
●本文插圖／鹽埔信太郎
●封面插圖／太田秀明
●協助攝影／東急運動綠洲

序章

持之以恆的重要性

本書主編・中島靖弘

游泳、田徑、足球、排球……，從事運動的人，多半都擁有壯碩的身材。再仔細一看，會發現各種運動項目都有不同的特徵，大致上，可以從這個人的身材得知其所喜愛的運動。尤其頂尖的世界級選手，這方面的特徵更為明顯。在身高等各方面，擁有適合運動的身材，同時，長年累月從事該運動項目的訓練，身體也朝這方面產生變化。

當然，這些好手並非為了塑身而長期進行訓練，而且也不可能在短短的數個月內就擁有壯碩的身材，希望各位能夠了解這一點。我們經常會聽到「如果一週不進行０次０％強度的運動，一次不做０分鐘，不持續運動三個月的話，就無法產生變化……」的說法。但實際上，比起強度或一次運動的時間來說，能夠持續下去才是最重要的。

為什麼運動選手能夠長年累月進行運動呢？因為運動對他們而言，是一大樂事。將運動當成職業活動的職業選手，當然是以「獲勝」為樂。另外，也有很多業餘好手，即使沒有收入，也仍然辛苦的練習，希望能夠在奧運上嶄露頭角。縱使沒有獲勝，但是，在訓練的過程中也享受到快樂。

原本運動就是按照遊戲規則而確立的文化。為了享受遊戲的樂趣，一定要認真的進行遊戲。孩提時代和其他同伴一起玩樂時，只要其中有一個孩子不肯認真的玩遊戲，大家就會敗興而歸。因此，把「運動當成文化」來進行運動，才能夠得到快樂。為了得到快樂，當然要認真的進行。只要能夠享受到快樂，這個運動就能夠持續下去。而身體也會自然的產生變化。與其抱持「必須要減肥……」、「必須要改變身體……」等想法，還不如以「必須要讓自己快樂……」的想法來進行運動。換言之，並不是「將運動當成手段來進行」，而是藉著「將運動當成快樂文化來進行」而得到塑身的結果。所以，一定要尋求能夠使自己快樂的運動，持續進行。

※現在我們大家為了創造一個快樂運動的環境而展開活動，和Ｊ聯隊湘南貝爾馬雷共同為地區民眾創造一個能夠享受足球、沙灘排球、鐵人大賽等各種運動樂趣的環境。相信頂尖隊伍的選手們也願意支持我們的活動。

第1章

開始訓練，就是改變以往的生活方式。同時，也要把握自己的身體狀況，擬定一個能夠輕鬆達成計畫的目標。

首先要重新檢查日常生活

把握自己身體的現狀，設定目標

打算開始訓練的人，可能對於自己的身材有些不滿吧！例如「太胖了」、「看起來弱不禁風」、「沒有體力」等。想要擁有美好身材與健康的人，相信不是現在才要起步，而是已經開始進行訓練了。

以往很少做運動的人打算開始訓練，但是，首先要客觀的重新評估自己現在的身體狀況，擬定一個具體而能夠輕鬆達成的目標。

有些女性會因為「準備參加一個月後友人的婚禮，因此想要瘦十公斤」、「二週後要接受健康檢查，所以想要瘦五公斤」等理由而前往健身房運動。

不過，這原本就是難以達成的目標，就算經由嚴苛的努力而達成目的，也會遭遇到很大的風險。

例如，可能會因為極度的減肥而造成復胖的情況。雖然暫時變得苗條，但卻容易因為勉強的減肥而引起厭食症或營養失調，導致身體受到極大的傷害。

為了避免發生這種的情況，應該將你的訓練目標設定在稍作努力就能夠達成的程度。例如，可以擬定「跑完十公里的馬拉松賽」、「腰圍瘦三公分」、「能夠臉不紅、氣不喘的輕鬆爬上車站階梯」等目標。要有明確的數值，或擁有自己可以深切感受到的目標的指針，確認成果，這樣就能夠成為一大鼓勵。

設定目標後，就要思考

●設定目標●●●●●●●●●●●●●●

1. 2 週後理想的自己
　例：腰圍變細。脂肪減少 3 公斤設定只要稍作努力就能達成的目標

2. 為了 2 週後理想的自己而擬定的行動目標
　例：1 週運動 3 次，避免進食太多

※自己試填看看。

2 週的話就太勉強了

為了達成目標需要做些什麼事情，而且要付諸實行。光是擬定目標而不去實行，只是畫餅充飢而已。不能夠實際展現行動，就永遠無法接近目標。

閱讀本書的你，目標是什麼呢？為了達成目標，到底要做些什麼呢？在另項中設定了填入欄，就把它當成達成目標的第一步吧！

要強調的是，達成目標的期間為三個月。只要持續訓練三個月，身體就能夠輕鬆的得到改善。

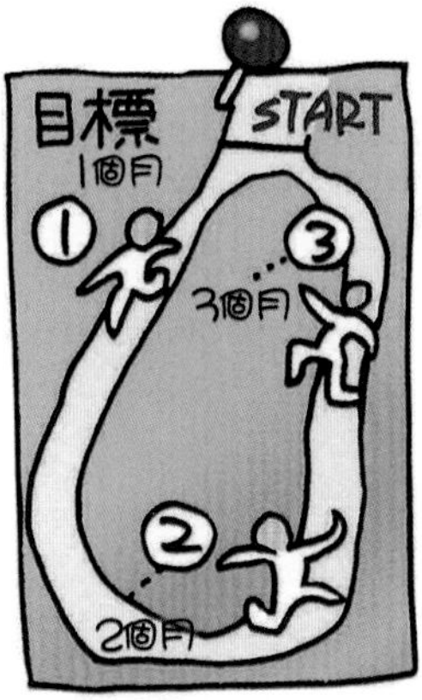

但是，三個月後不可就此結束，要以煥然一新的心情繼續訓練。這時，相信你也一定能夠快樂的進行訓練了。

每天的檢查表

月　日（　）	天氣	體重　Kg	體脂肪率　%
本日的活動度　1. 具有活動性　2. 沒有活動		本日的運動　1. 實施　2. 未實施	
本日的飲食　不是以量而是以熱量來考慮　1. 適量　2. 太少　3. 太多		時間　分	種類
備註・日記・身體狀況等		感想	

找尋不完善之處的原因

前面提及，「首先要客觀的重新評估自己的身體狀況」。例如，「太胖了」「褲子太緊了」、「沒有體力」、「身體衰弱」等，可能會想出各種的問題點。

只要實際站在體重計上測量體脂肪率，腰圍尺寸和以前互相比較，就能夠了解這一點了。

不只是身體，也要檢查一下現在的生活習慣和飲食習慣。例如，「有偏食的習慣」、「吃太多的點心、零食」、「每天睡懶覺」等，問題點會慢慢的浮現出來。

將這些負面的要因填在另項的空格欄中。項目太多時，就要另外準備便條紙，逐一列出清單來。

反省自己不完善之處，進行這個作業，就能夠提高「想要改善身體」的意識。因此，只要了解自己的問題點，就能夠認識到訓練的重要性。

一一的列出負面要因之後再來探討原因。關於各問題點，至少要舉出二項原因來。也就是，要去找出原因的原因。

以「沒有體力」的問題為例，就是「運動不足」、「偏食」、「老菸槍」等要因所造成的。為什麼會運動不足呢？可以想到的是「不論遠近，都是以車代步」、「休假日足不出戶」……。

因此，只要少坐車、多走路，休假日積極做戶外運

●列出負面要因的清單及其原因●●●●●●●●

自己目前的問題點	例：
	比理想體重多 3公斤以上

探討問題點的原因（至少2個）

①	運動不足
②	進食太多
③	

對於上述原因中的一個原因思考其原因（至少3個）

①-1	沒有運動
①-2	平常就懶得 活動身體
①-3	沒有場所
②-1	經常身邊都有食物
②-2	⋮
②-3	

※請影印使用。

每天的檢查表

月　　日（　　）	天氣		體重　　Kg	體脂肪率　　%

本日的活動度　1. 具有活動性　2. 沒有活動	本日的運動　1. 實施　2. 未實施
本日的飲食　1. 適量　2. 太少　3. 太多 不是以量而是以熱量來考慮	時間　　分 / 種類
備註．日記．身體狀況等	感想

動，就能夠改善沒有體力的問題了。

換言之，只要找出問題點的原因，就能夠找到解決的端倪，同時也就可以了解到，要改變以往的習慣並非難事。然後，同時要將改善原因當成行動目標，付諸行動。

重新檢討整個生活

為了提升訓練效果，必須要改變生活習慣

一般而言，每個人每天、每週的行動形態都已決定好了，並沒有什麼特別預定的事項。

例如，每天早上七點起床、九點上班、下午六點下班、七點前回家，然後吃晚餐、看電視，十一點就寢。週末假日外出購物或租錄影帶回家看。每個人都擁有自己的行動模式。

將這些填入表中。即使以往沒有意識到這些行動的人，也可以發現最近每天的行動都已經模式化了。

要改變這些模式，看似簡單，其實不易。因為對個人而言，要改變無意識中已經成為習慣化的事物，會產生很大的壓力。

但是，為了開始訓練，一定要慢慢的改變生活模式。再一次凝視自己填寫的生活模式表。找出在何時、何地能夠在最少的壓力下擁有進行訓練的時間。為了持續訓練，必須要妥善的調整環境。

填入自己的行動模式，就能夠檢查以往的整個生活方式，找出重點。

●確認一般的生活●●●●●●●●●●●●●

	例	一	二	三	四	五	六	日
5:00								
6:00								
7:00	起床							
8:00	準備早餐							
9:00	上班							
10:00	洽公							
11:00								
12:00	午餐							
13:00	坐辦公室							
14:00								
15:00	休息							
16:00								
17:00								
18:00								
19:00	回家							
20:00	看電視							
21:00	洗澡							
22:00	檢查電子郵電							
23:00	就寢							
0:00								

※請影印使用。

每天的檢查表

月　日（　）	天氣		體重	Kg	體脂肪率　%

本日的活動度
1. 具有活動性
2. 沒有活動

本日的飲食
1. 適量
2. 太少
3. 太多

不是以量而是以熱量來考慮

備註．日記．身體狀況等

本日的運動
1. 實施　2. 未實施

時間　分	種類

感想

■第1週★★★★★★★★★★★★★★★★★★★★★★★★★★★★★★★★★★

提高日常生活的活動度

以爬樓梯取代電梯，就能夠改善身體

一鼓作氣的想要開始訓練，當然很好，但是，上班族或職業婦女工作忙碌，恐怕無法挪出訓練的時間。至多一週二、三次，每次進行一個小時。

一週有一六八小時。去除一天七小時的睡眠時間，一週中應該還有一一九個小時是清醒的。但是，用來訓練的時間，卻只有其中的二、三個小時，而且如果剩下的時間怠惰度日，則僅僅二、三小時的訓練效果就幾乎等於零了。

因此，需要提高平常生活中活動度的意識。提到訓練，首先會想到慢跑、游泳或是上健身房。

在日常生活中，所有的活動都可視為是運動，不必特別撥出時間來訓練就能夠鍛鍊身體。

現代人很少活動，利用電梯或電手扶梯就能夠上下樓。坐在原地，利用搖控器就能切換電視頻道。

但是，最好自己活動。人類原本就是為了活動而誕生的生物。人類在昔日無法輕易取得食物的時代，才會想到讓脂肪蓄積在體內。然

盡量靠自己的身體來移動

而，在現代能夠隨時隨地吃到食物，再加上生活便利，使得人類喪失活動肌肉的機會。不活動身體，脂肪不斷的蓄積，就會引起肥胖，這是勿庸置疑的事情。

我們要重新了解人類是為了活動而誕生的生物。而能夠取得訓練的時間是最好的，不過，先決條件就是要提高日常生活的活動度。

例如，以爬樓梯代替搭乘電梯、以步代車，只要有決心，就可以輕易的改變自己的生活形態，只要付出努力，就能夠改善自己的身體。

每天的檢查表

月　日（　）	天氣		體重	Kg	體脂肪率 %

本日的活動度　1. 具有活動性　2. 沒有活動	本日的運動　1. 實施　2. 未實施
本日的飲食　1. 適量　2. 太少　3. 太多 不是以量而是以熱量來考慮	時間　分　｜　種類
備註・日記・身體狀況等	感想

創造理想身體的重點

持續才能見效

首要重點，就是要進行均衡的訓練。例如，光是鍛鍊胸肌，會使背肌衰弱，或成為肩膀酸痛、背肌受損的原因。同樣的，只進行有氧運動，無法鍛鍊肌肉，只能夠提高心肺功能而已。

偏差的訓練，會引起弊端，最好選擇能夠將刺激傳到全身各處的均衡訓練。

第二個重點，就是要持續進行。實行才是訓練的最大重點。

例如，看到鏡中自己的姿態後，下定決心「要藉著慢跑讓自己瘦下來」。於是很快的就購買了運動服及慢跑鞋，充滿幹勁的開始慢跑（做任何事情之前，準備物品之際是最令人振奮的時刻）。但是，實際開始慢跑後，覺得很痛苦，即使想要努力持續下去，但最後卻變成休息一天、二天，然後就慢慢的放棄慢跑了。這樣當然毫無意義。

很多人都只有三分鐘的熱度，最後還是宣告放棄。在訓練的失敗例中，最常見的就是「無法繼續」。不只是訓練，任何事情想要持續進行都並不容易。關於訓練方面，從以往的不運動突然開始跑步，當然會吃不消而造成壓力，結果無法長久持續下去。

但是，不持續訓練就無法奏效。而且在中途放棄，更容易造成體力衰退。

美國最早發射太空船，

從不會覺得勉強的程度開始訓練

太空人在返回地球後想要走出太空艙，但卻寸步難行。也就是一週內在無重力狀態下沒有使用肌肉，因而肌肉衰竭所致。換言之，不運動的話，體力和肌力都會明顯的衰退。

總之，不持續訓練，就會喪失體力。但是，因為訓練而引起壓力的堆積，也無法得到訓練的效果。為了長久持續下去，就要與壓力好好的相處。同樣都是承受壓力，有的人會感覺壓力強大而放棄，但是，有的人卻認為適度的壓力反而是一種良好的刺激。

為了讓壓力成為好的刺激，就要花點工夫讓自己能夠快樂的進行訓練。以下介紹這方面的技巧。

每天的檢查表

月　日（　）	天氣		體重	Kg	體脂肪率　%
本日的活動度 1. 具有活動性 2. 沒有活動			本日的運動 1. 實施 2. 未實施		
本日的飲食 1. 適量 2. 太少 3. 太多 不是以量而是以熱量來考慮			時間　分	種類	
備註．日記．身體狀況等			感想		

能夠繼續進行訓練的工夫

和全家人或同伴一起進行訓練最為理想

為了讓會造成壓力的訓練長久持續下去，要花點工夫，讓自己能夠快樂的進行訓練。最好有同伴或家人一起進行訓練。

與其自己一個人去健身房，還不如有家人或朋友隨行，一起參與，才能夠持之以恒。與其自己默默的進行訓練，還不如與家人或朋友一起熱鬧的進行訓練，這樣不但感覺快樂，而且彼此之間會產生良好的刺激作用。

想要找尋隨行的同伴並不困難。公司同事之間一定不乏也想要「鍛鍊身體」、「想要瘦下來」的人，可以積極的相邀參加。利用午休時間，彼此相約去慢跑，或下班後一起上健身房、游泳池，這些都是很好的方法。

如果一時找不到隨行的同事，那麼，也可以邀約家人一同參與。利用休假日，全家人一起進行訓練。在天氣好的日子，一起到公園去活動身體。偶爾出個遠門，享受旅行之樂，這也是很棒的訓練。既可鍛鍊身體，又可為家人服務，具有一石二鳥的作用。

另外，對周遭的人宣告「我要開始進行訓練嘍！」這也是一個好方法。在朋友或家人的面前宣布之後，為了顧及面子，就不會輕言放棄。將這些意念寫在紙上，將其貼在醒目的地方，也是

可行的方法。這些好的壓力，能夠促使你意志更加的堅定。

避免一成不變的訓練，要富於變化。

以走路或慢跑為例，要定期的變更路線。如果是有氧舞蹈，則要進行不同的運動，藉此才能夠鍛鍊到不同的肌肉，同時也不會覺得厭煩。保持新鮮感，就能夠持之以恒。

每天的檢查表

月　　日（　　）　天氣　　體重　　Kg　體脂肪率　　%

本日的活動度
1. 具有活動性
2. 沒有活動

本日的飲食
1. 適量
2. 太少
3. 太多
不是以量而是以熱量來考慮

備註・日記・身體狀況等

本日的運動
1. 實施　2. 未實施

時間　　分　　種類

感想

●本週的結果和下週的目標

	一	二	三	四	五	六	日	
活動度	1 2	1 2	1 2	1 2	1 2	1 2	1 2	點
飲食	1 2 3	1 2 3	1 2 3	1 2 3	1 2 3	1 2 3	1 2 3	點
運動	1 2	1 2	1 2	1 2	1 2	1 2	1 2	點
計								點
圖表 3								次
4								次
5								次
6								次
7								次
	一	二	三	四	五	六	日	

◆為了達成本週的目標而進行的事情

◆本週的問題點

◆下週的行動目標

第2章

檢查體脂肪與柔軟性

在進入實際訓練之前，要了解自己身體的特徵。事先了解特徵，可以成為測量訓練效果或提升柔軟性的好標準。

除了體重以外，也要檢查體脂肪率

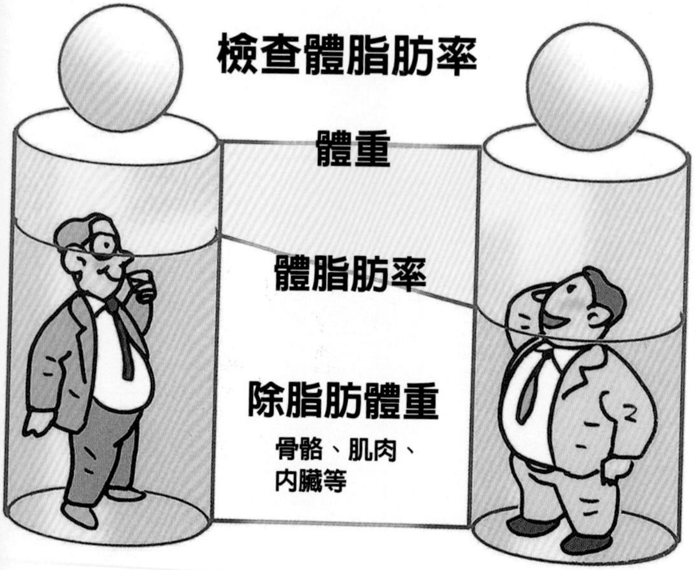

人的體重是以體脂肪和除去體脂肪的體重的合計來表示。體脂肪是附著於身體的脂肪，體重中體脂肪所佔的比例稱為體脂肪率。

體脂肪包括了蓄積在皮膚下的皮下脂肪，以及附著於臟器之間的內臟脂肪。而去除脂肪的肌肉、骨骼及內臟的重量，就稱為除去脂肪的體重，簡稱除脂肪體重。

體脂肪率和除脂肪體重的比例，因人而異，各有不同。是否肥胖，則是以體脂肪率的高低來決定。

例如，外表看起來很苗條，但是，體脂肪率卻意外的高，這是因為內臟脂肪較多，稱其為「隱性肥胖」。相反的，外表上看起來很胖，但卻因為是屬於肌肉質，所以體脂肪率較低，這一型的人不算是肥胖。極端的說，體重相同時，體脂肪率較高就是肥胖，較低就不算是肥胖。

體重或外觀雖是肥胖與否的判斷材料，但這並非是絕對的，還是要根據體脂肪率的多寡來判斷。

可以利用家庭用體脂肪計來測定體脂肪率。現在市面上也有販賣附帶體脂肪計的袖珍型體重計，最好準備一台。

近年來，有將體脂肪視

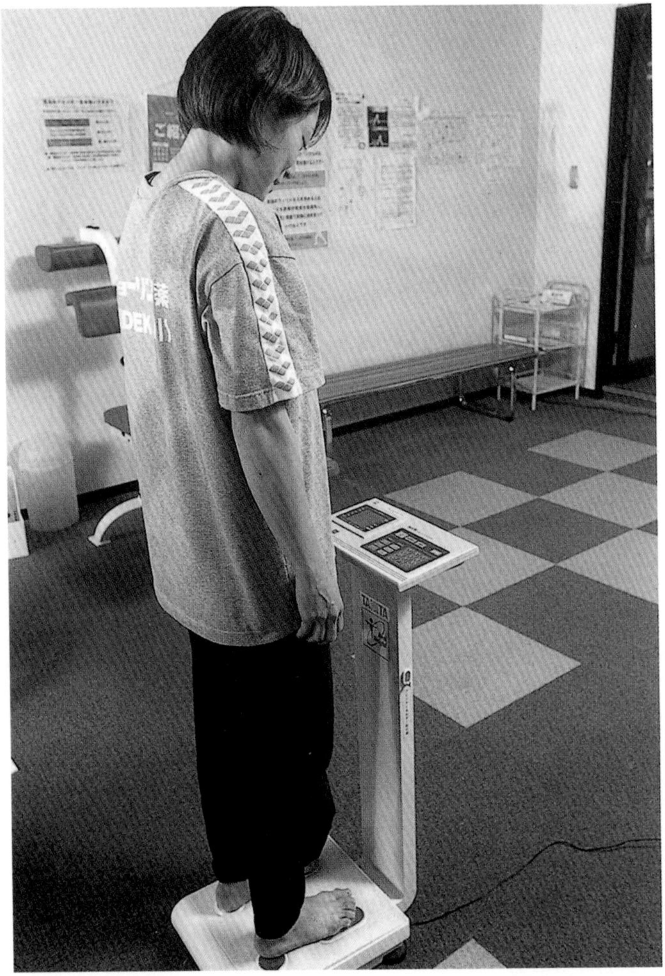

利用市售家庭用體脂計，就能夠簡單的測定體脂肪

為大敵的趨勢，但是，體脂肪具有保護內臟、調整體溫的重要作用，所以，還是要攝取最低必要量的脂肪。不過，最糟糕的情況是附著多餘的脂肪。

體脂肪率的正常範圍，成人男性為十五到二十%，女性為二十到二十五%。男性的體脂肪率若超過二十五%以上、女性超過三十%以上，就算是肥胖。

每天的檢查表

月　日（　）	天氣		體重　Kg	體脂肪率　%
本日的活動度 1. 具有活動性 2. 沒有活動			本日的運動 1. 實施　2. 未實施	
本日的飲食 不是以量而是以熱量來考慮 1. 適量 2. 太少 3. 太多			時間　分	種類
備註・日記・身體狀況等			感想	

脂肪增減的構造很單純

想要減肥的人，最在意的就是體脂肪。為了多減去一些體脂肪，很多人付出相當大的努力卻依然未能如願，否則市面上就不會充斥各式各樣的減肥法了。

不過，脂肪增減的構造十分單純。也就是，藉著飲食所攝取的部分與藉著運動所消耗的部分之間的差，造成了增減。當攝取的部分多於消耗的部分時，就會蓄積脂肪。相反的，當消耗的部分多於攝取的部分時，就會利用蓄積在體內的脂肪。

一公斤體脂肪的熱量為七千七百大卡。要減去五公斤的脂肪，就必須要消耗掉三萬八千五百大卡的熱量。若要花三個月的時間減少五公斤，那麼，一天就要減少四百二十八大卡的熱量。換算成慢跑的話，則要跑一小時以上才能夠消耗掉這些熱量。

但是，實際上每天都要攝取食物，所以，要計算這部分的熱量差距。像前述的例子，如果不能夠每天讓消耗的熱量比攝取的熱量多出四百二十八大卡，則三個月內就無法減少五公斤的脂肪。

希望減肥的人，要限制攝取熱量，同時也要提高消耗熱量。

人類平均一天消耗的熱量，如左頁表所示，男性約二千四百大卡，女性為一千九百大卡。

只是待在原地不動所消耗掉的熱量（維持生命必要的熱量），稱為基礎代謝。亦即一天的熱量消耗量減去基礎代謝量，就是藉著活動身體使用掉的熱量。

基礎代謝量因體重、身高、年齡的不同而有不同。本單元為各位介紹其計算公式，可藉此算出自己的基礎代謝量。

●計算減肥的標準

決定好到何時為止，要減掉多少公斤之後，就可以算出一天消耗熱量的標準 。計算公式如下。

（7700×減掉的體重）÷ 減肥期間

＊例如，想要在三個月內減掉 5 公斤的體重，那麼，就是（7700×5）÷ 90 ＝428。亦即一天大約要減少428大卡的熱量。換言之，每天消耗熱量要比攝取熱量多出428大卡。

●由年齡層、性別來看 1 天的基礎代謝量與熱量需要

年齡	性別	基礎代謝量（1天）	熱量消耗量（1天）
20 歲層	男	1533kcal	2550kcal
	女	1209kcal	2000kcal
30 歲層	男	1499kcal	2500kcal
	女	1188kcal	2000kcal
40 歲層	男	1447kcal	2400kcal
	女	1162kcal	1950kcal
50 歲層	男	1364kcal	2250kcal
	女	1122kcal	1850kcal

修改厚生勞動省第 4 次日本人的營養需要量

●計算基礎代謝量的公式（哈里斯．貝尼迪克特公式）

男性：66.5＋（體重×13.8）＋（身高×5.0）－（年齡×6.8）

女性：66.5＋（體重×9.6）＋（身高×1.9）－（年齡×4.7）

＊以身高175公分、體重68公斤的男性（35歲）為例，則是 66.5＋（68×13.8）＋（175×5.0）－（35×6.8）＝1641.9，亦即 1 天的基礎代謝量約為1642大卡。

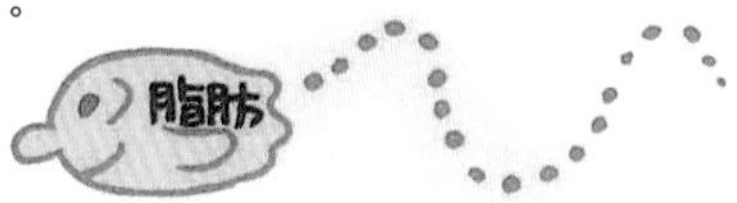

每天的檢查表

月　日（　）	天氣	體重　Kg	體脂肪率　%
本日的活動度　1. 具有活動性　2. 沒有活動		本日的運動　1. 實施　2. 未實施	
本日的飲食　1. 適量　2. 太少　3. 太多 不是以量而是以熱量來考慮		時間　分	種類
備註．日記．身體狀況等		感想	

即使運動十分鐘脂肪也會燃燒

慢跑是有效的有氧運動的代表

要使身體多餘的脂肪燃燒，就要進行有氧運動，這是眾人皆知的常識。像舉重、跑一百公尺等，不使用氧而只是從肌肉中引出最大爆發力，則是屬於無氧運動。進行無氧運動，脂肪無法當成熱量來使用。一邊吸入氧而長時間連續進行對身體衝擊較少的有氧運動，就能夠有效的消耗掉體內的脂肪。

代表性的有氧運動，就是走路、慢跑、有氧舞蹈、游泳、騎自行車等。為了去除附著在體內多餘的脂肪，就要積極的進行這些運動。

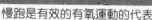

但是，以往的觀念認為「若不連續運動二十分鐘以上，則脂肪無法被燃燒」。亦即如果以不易燃燒的粗木柴來比喻脂肪，那麼，就必須以醣類這種火種燃燒二十分鐘，否則無法點燃」。但這是一大誤解，我要在此加以修正。

左頁圖表是醣類和脂肪消耗熱量的比例隨著時間而產生的變化。的確，在運動的初期階段以醣類為主，但是，脂肪絕非完全沒有消耗掉。雖然百分比較少，但確實成為熱量燃燒掉。

過了二十分鐘以後，醣類和脂肪的消耗比例大致相同，然後脂肪負擔的責任會加重。脂肪燃燒的形態是屬

● 隨著有氧運動的時間經過所造成的消耗熱量的變化

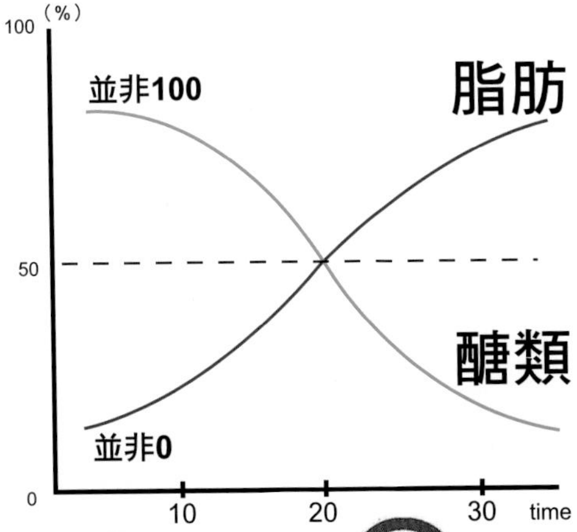

追逐風騎自行車奔馳也是有效的有氧運動

於慢速度的，但是，並不是說要持續燃燒二十分鐘以上才會點燃。

如圖表所示，持續的運動，就能夠提升脂肪燃燒的效率，這是事實。不過，「二十分鐘」並不是單純的脂肪和醣類的拮抗點，應該不存在其他特別的意義。

但這種二十分鐘說，卻造成了訓練的瓶頸。跑三十分鐘，燃燒脂肪所消耗的時間也只有十分鐘而已，事實上，二十分鐘的『助跑』已經讓人覺得疲累，再繼續下去的話……。由於內心存在著壓力，所以，這個二十分鐘說卻成為很多人出現三分鐘熱度的主因。

即使是運動十分鐘，也要進行有氧運動，因為脂肪能夠在體內燃燒。因此，有空時就要毫不勉強的運動。與什麼事都不做相比，結果當然完全不同。要慢慢的延長運動時間。以往走十步的人，經由慢慢的練習，最後就能夠走一萬步了。

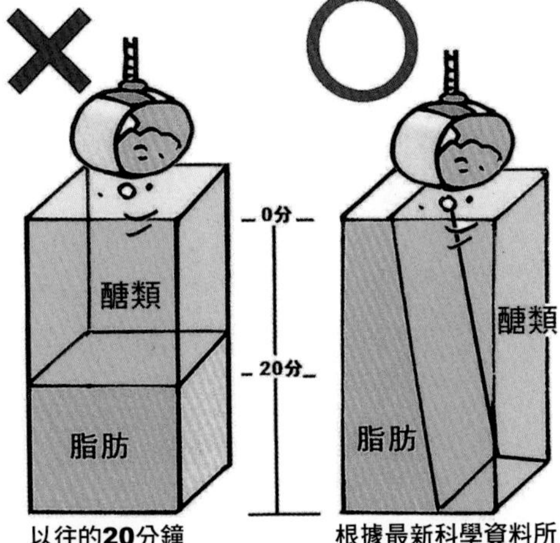

以往的20分鐘後燃燒說

根據最新科學資料所提出的脂肪燃燒說

每天 的檢查表

月　日（　）	天氣	體重 Kg	體脂肪率 %

本日的活動度 1. 具有活動性 2. 沒有活動	本日的運動 1. 實施 2. 未實施
本日的飲食 1. 適量 2. 太少 3. 太多 不是以量而是以熱量來考慮	時間 分 / 種類
備註・日記・身體狀況等	感想

進行對抗性肌肉訓練

鍛鍊大腿

訓練大致分為有氧運動與對抗性訓練這二種。

在前面說過，藉著氧分解吸收到體內的營養素，使其轉換為運動熱量，就稱為有氧運動。像走路、慢跑、游泳等，能夠長時間持續進行的持久型訓練，就是屬於有氧運動。

而對抗性訓練，也就是「抵抗運動」。大家只要了解這是「給予負荷鍛鍊特定肌肉的訓練」即可。一般所說的肌力訓練或舉重訓練，都算是抵抗運動。

原本人類在過著狩獵或農耕生活時，身體會配合必要的情況而去使用必要的肌肉，但是，肌肉不使用就會退化。在一切都講求便利的現在社會生活中，大部分的人都很少使用肌肉。

如果遠古人看到現代人類的肌肉衰退，恐怕也會不忍卒睹吧！

原本應該使用的肌肉一旦不使用就會衰退，出現各種的弊端。簡言之，「無法抬重物」、「無法跑得很快」等，都包括在內。但不只如此，肌肉衰弱時，人也缺乏活動性，容易生病，這是十分合理的說法。

為了得到健康並創造一個壯碩的身體，除了運動之外，也要進行抵抗運動。就好像車子的兩輪一樣，要併行前進才能發揮作用。

有關抵抗運動的具體課程，在次週會為各位說明。

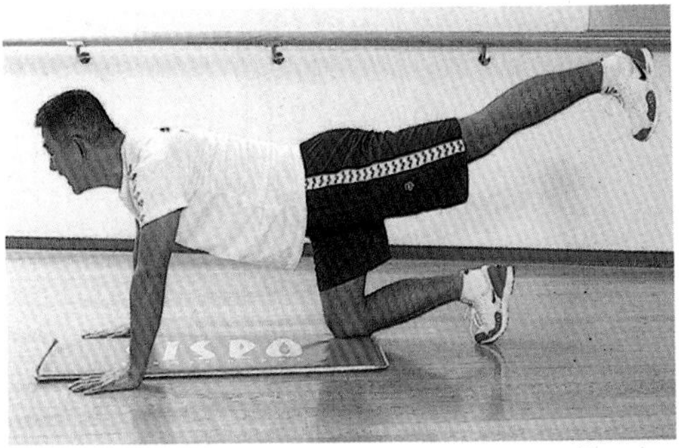

鍛鍊背肌

鍛鍊腹肌

最初不要勉強，只要加諸較輕的負荷，以較少的次數開始即可。習慣之後，再慢慢的增加負荷或次數。要將意識集中在運動中鍛鍊的肌肉上。

抵抗運動，以反覆做五到八次的方式來進行，就能夠成為提升肌力的訓練。如果反覆進行十二次以上，就能夠提升肌肉的持久力。反覆做八到十二次的負荷，就是能夠達到健康水準的良好訓練。

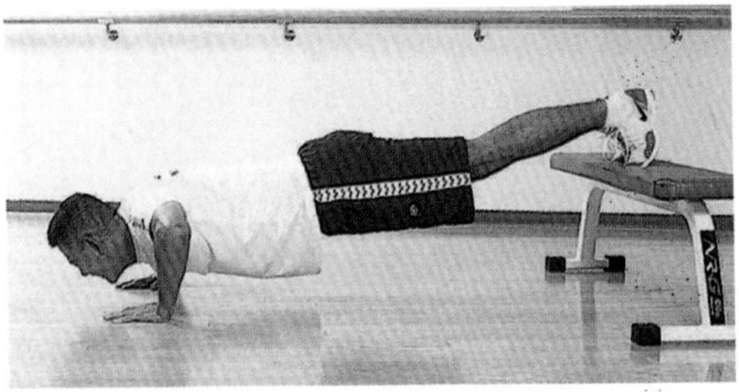

鍛鍊胸、手臂與肩膀

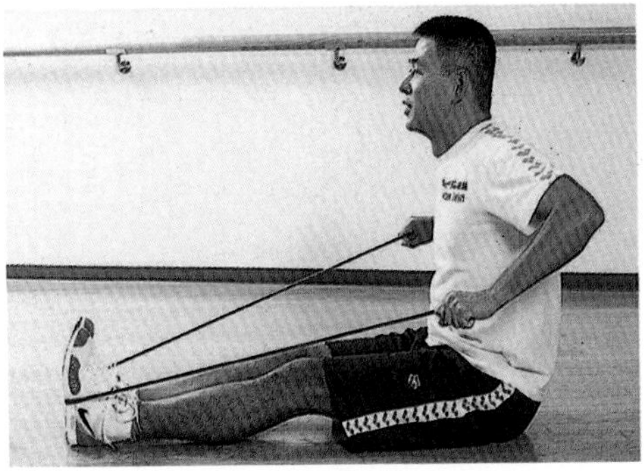

用橡皮帶鍛鍊背肌和手臂

每天的檢查表

月　日（　）	天氣		體重	Kg	體脂肪率　%
本日的活動度	1. 具有活動性 2. 没有活動		本日的運動	1. 實施　2. 未實施	
本日的飲食 不是以量而是以熱量來考慮	1. 適量 2. 太少 3. 太多		時間　分	種類	
備註・日記・身體狀況等			感想		

了解自己身體的柔軟性

測試A．下肢與腰部的柔軟性／身體前倒，手指接近地板。頭置於雙臂之間。膝直立，勿彎曲。不可利用反彈力，上半身自然的下垂，這才是正確的作法

參考照片，進行以下四項柔軟性測試。不可勉強使用反彈力，要慢慢的伸展。將意識置於要確認柔軟性的各部分，不要停止呼吸，進行二十到三十秒是重點。

A是測試下肢與腰部的柔軟性，較硬的人通常手指無法碰地。這時，要先確認地板與手指間的距離。

B的測試則是調查大腿前面的柔軟性，確認腳跟和臀部是否能夠緊密貼合。左右兩腳都要試試看。較硬的人會出現間隔，這時，要仔細調查腳跟和臀部的距離。

C的測試是以腰的硬度為主，如果膝能觸碰地面，表示腰部柔軟。碰不到地面的話，就要調查膝蓋與地板的距離。左右腳都要分別測試。

你會發現，在B、C兩項中，左右的柔軟度出現很大的差距。亦即因為日常生活習慣等因素，使得身體左右失去平衡。大部分的人都是處於不平衡的狀態中。經由這個測試，更能夠實際感受到自己身體所具備的不良習性。

最後的D則是以肩部的柔軟性為課題。除了硬度之外，也可以確認左右平衡的差距。首先，手指碰不到地板的人，要了解間隔距離有多少。

身體的僵硬與左右的平衡，將會對運動姿勢造成影響，同時，這也往往是運動

傷害的原因。要注意到這個弱點，利用本書介紹的伸展運動加以改善。

對於特別僵硬的部分，要集中進行伸展運動。除了柔軟性之外，還要重新拾回身體的平衡。這樣慢慢的就會出現效果，而且身體也會漸漸感覺輕鬆。

要定期實施這個柔軟性測試，了解身體到底柔軟到何種程度，或是否不平衡的情況已經得到改善等。與上一次的測試互相比較，可以成為一種鼓勵。每天進行伸展運動，一個月後，與第一次相比，相信身體的柔軟度能夠大為提升。

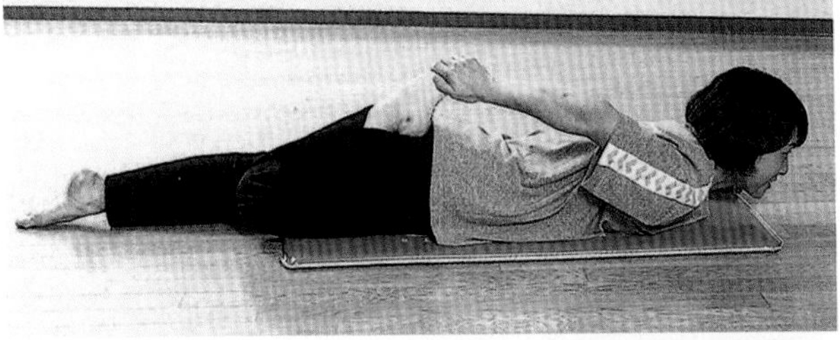

測試B．大腿前面的柔軟性／俯臥在地，手抓著同一側的腳趾，勿勉強拉扯，盡量貼臀。左右都要加以確認

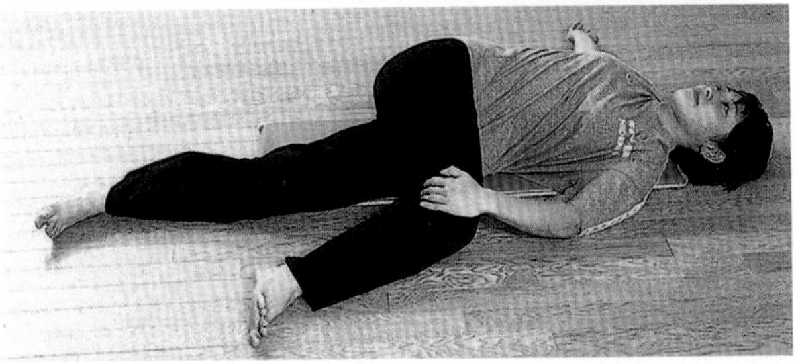

測試C．腰部的柔軟性／仰躺在地，用手將彎曲成90度的膝部推到地板上。放鬆全身的力量，相反側的手臂伸直，與體側成90度，雙肩緊貼於地。勿利用反彈力，重點是不要勉強將膝壓倒在地。左右腳都要測試。

測試D．肩部的柔軟性／雙臂貼耳，伸直的手掌貼合。雙手能夠完全重疊，就算是取得平衡的狀態。若有差距，就表示無法伸直的那一側的肩關節僵硬。關於肩部的柔軟性，也要檢查地板和手指之間的距離。

每天的檢查表

月　日（　）	天氣		體重　Kg	體脂肪率　%
本日的活動度：1. 具有活動性　2. 沒有活動			本日的運動：1. 實施　2. 未實施	
本日的飲食：1. 適量　2. 太少　3. 太多 不是以量而是以熱量來考慮			時間　分	種類
備註・日記・身體狀況等			感想	

將伸展運動納入生活習慣中

在辦公室可利用桌椅進行伸展運動

藉著擴大關節的可動範圍、提高全身協調性的伸展運動，能夠增加活動的自由度並預防運動傷害，同時也能夠促進血液循環，使身心都得到放鬆。有助於消除疲勞，促使傷害儘早復原。一流的運動選手，都會努力的進行伸展運動。

但是，有時候卻很難邁出第一步。

要養成在泡完澡後進行伸展運動的習慣。泡完澡後，肌肉與關節都變得柔軟，身體容易彎曲。哪怕只是進行十分鐘也好，要將泡澡和伸展運動合而為一來進行。

也可以一邊看電視一邊進行伸展運動。

此外，利用交通工具上的吊環或辦公室的牆壁，也可以做伸展運動。而利用公園的長椅或階梯、樓梯等，也是不錯的方法。

刷牙或洗澡等日常生活都會成為一種習慣。早上起床後，在洗臉之前做伸展運動，效果極佳。

利用定時器或以秒為單位的鬧錶，就可以採用以下的方法。亦即設定時間每三十五秒響一次，響了之後，就移往下一個主題。只要花五秒鐘，就能夠更換姿勢，進行三十秒的一系列伸展運動，而且能夠有效的持續下去。當然，隨意進行伸展運動，也沒什麼問題。

運動前的暖身運動及運動後的整理運動，也要納入

若有時間，就要養成做伸展運動的習慣

伸展運動。藉著暖身運動能夠提高身體的活性，刺激肌肉、關節、神經系統，提升運動品質。利用伸展運動了解當天肌肉狀況，這並不會影響訓練計畫。

此外，輕鬆的跑跳，稍微暖身之後，就更能夠提升伸展運動的效果。

做整理運動時的伸展運動，能夠緩和肌肉或關節的緊張，讓使用後變得萎縮的肌肉得以伸展。體貼各部分來進行伸展運動，就能夠減輕訓練時的疲勞。暖身運動是以動態的伸展運動為主，而整理運動則是以靜態的屈伸動作為基本。

進行伸展運動時要擁有目的意識。以前章所敘述的弱點為主，盡量多花點時間來進行。意識到底要做哪一部分的伸展動作相當重要。重點是中途不可停止呼吸，參考各伸展運動的項目，遵守形態，讓自己得到放鬆。

不要利用反彈力或勉強彎曲。在不會感覺痛苦之前就要停止，這才是正確的作法。用力過度會損傷肌肉，要小心。

在公園也可以進行伸展運動 。利用樓梯或欄杆等，就可以進行。在戶外進行運動，倍感舒暢。做暖身運動或整理運動時，務必要納入伸展運動

每天的檢查表 0

月　日（　）	天氣		體重	Kg	體脂肪率　%
本日的活動度 1. 具有活動性 2. 沒有活動			本日的運動 1. 實施 2. 未實施		
本日的飲食 不是以量而是以熱量來考慮 1. 適量 2. 太少 3. 太多			時間　分	種類	
備註・日記・身體狀況等			感想		

●本週的結果和下週的目標

		一	二	三	四	五	六	日	
活動度		1 2	1 2	1 2	1 2	1 2	1 2	1 2	點
飲食		1 2 3	1 2 3	1 2 3	1 2 3	1 2 3	1 2 3	1 2 3	點
運動		1 2	1 2	1 2	1 2	1 2	1 2	1 2	點
計									點
圖表	3								次
	4								次
	5								次
	6								次
	7								次
		一	二	三	四	五	六	日	

◆為了達成本週的目標而進行的事情

◆本週的問題點

◆下週的行動目標

第3章

輕鬆的有氧運動與抵抗運動

終於要開始實踐訓練了。首先可以做輕鬆的有氧運動，也就是走路和大腿的伸展運動。其次，利用深蹲來鍛鍊大腿肌肉。

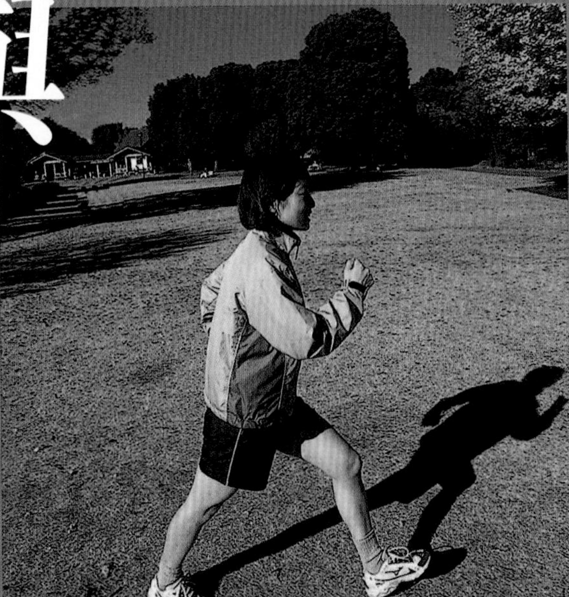

利用訓練和控制飲食來創造健康的身體

通常，人類一天要吃三餐，一年約要進食一千次以上。對此你有何看法呢？「反正要吃一千次以上，那就不必太斤斤計較了」、「積少成多，每天的累積非常重要，不可掉以輕心」。本書當然是站在後者的立場。

人類的身體全都是由食物構成的。沒有進食，就無法製造出人類的身體。

我們能夠活動，就是因為從食物中攝取到熱量的緣故。因此，不可忽略飲食的重要性。

健康活潑的身體，是藉著飲食和運動的平衡創造出來的。攝取熱量與消耗熱量均衡，而且能夠適當的補充各種必要的營養素，就能夠創造出一個理想的身體。

但是，要辦到這一點並不容易。有時進食太多或只吃愛吃的東西，再加上對運動敬而遠之，結果變成肥胖的身體，這也是理所當然的事情。

放縱自己的飲食生活，絕對無法得到健全的身體。重點是要考慮熱量的消耗量與營養平衡的問題，控制飲食。

拚命的攝取食物，會導致熱量過剩，所以，也要養

成消耗熱量的運動習慣。兩者之間取得平衡，才能夠得到健康強壯的身體。

特別需要注意的是，控制飲食不單只是減少食量而已。例如，平常有偏食習慣的人，就算是減少食量，也會出現營養不均的情況，這樣當然無法得到健康的身體。

減少食量確實是一種手段，但是也要考慮營養均衡的問題。尤其女性容易缺乏鐵質和鈣質，要注意。

大部分的女性都想擁有苗條的身材，就算是不胖的女性，也想要減肥。

關於這一點，有一個頗耐人尋味的資料。測量女性的體重，將其分為「肥胖者」、「略胖者」、「理想體型者」、「略瘦者」、「消瘦者」五群。讓她們接受問卷調查，結果，除了「消瘦者」之外，其他的人全都希望自己變得更為苗條。

當然，也有例外的情況。但是，女性們一定要認識到，事實上本人並沒有自己所想的那麼胖，否則就會讓不健康的減肥法到處橫行。

每天的檢查表

月　日（　）	天氣		體重　Kg	體脂肪率　%
本日的活動度	1. 具有活動性 2. 沒有活動		本日的運動	1. 實施　2. 未實施
本日的飲食 不是以量而是以熱量來考慮	1. 適量 2. 太少 3. 太多		時間　分	種類
備註・日記・身體狀況等			感想	

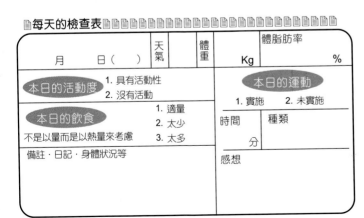

不使用體脂肪計來檢查肥胖度

簡單的肥胖檢查法

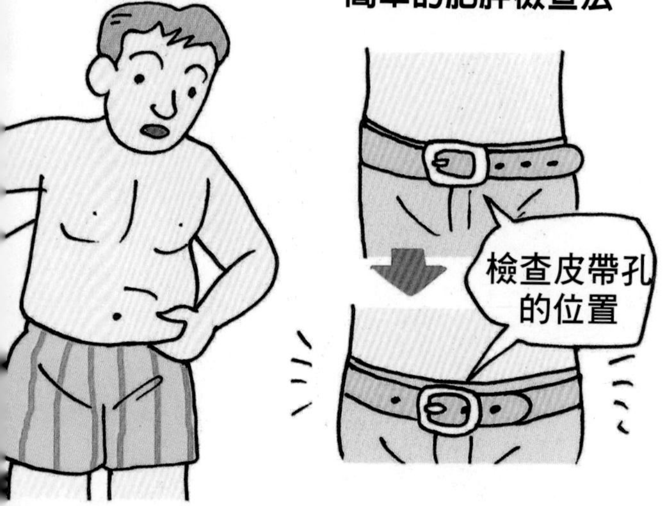

是否肥胖，光看體重或外表無法加以判斷。有些人看似消瘦，但事實上體脂肪率較高，是屬於「隱性肥胖」。相反的，有的人外表看起來肥胖，但體脂肪率卻很低，是屬於肌肉質的人。因此，是否肥胖決定於蓄積在體內的體脂肪的多寡。

客觀的判斷，最簡單的方法就是使用體脂肪計。不過，就算沒有體脂肪計，也依然能夠檢查肥胖度。

最簡單的方法，就是利用褲子、裙子的腰圍尺寸或皮帶孔的位置來判斷。以前能輕鬆穿上的褲子或裙子，現在卻穿不上去，感覺有點緊，這些都是危險信號，證明腹部周圍有脂肪附著。而皮帶孔必須放鬆一格才會感覺舒服，其道理亦同。

平常就能夠利用這些方法輕鬆加以判斷，因此，自己要隨時注意一下衣著的尺寸。

此外，可利用ＢＭＩ（Body Mass Index，體格指數）的公式來判斷。所謂ＢＭＩ，就是藉著身高和體重的平衡來判定肥胖度的指數。體重除以換算成公尺的身高的二次方，將求出的數值對照日本肥胖學會所制定的判定標準，就能夠判定自己的

●利用ＢＭＩ（Body Mass Index）來檢查肥胖度

$$\text{BMI} = 體重 \div 身高(m)^2$$

＊例如，體重68公斤、身高178公分，則68÷（1.78×1.78）≒21.5，故ＢＭＩ數值約為21.5。這時，身高是換算成公尺的數值。對照下表，就可以知道適當體重。

●肥胖症的診斷標準（**2000年日本肥胖學會**）

ＢＭＩ值	判　定
18.5 以下	低體重
18.5以上25以下	普通體重
25 以上30以下	肥胖（1度）
30 以上35以下	肥胖（2度）
35 以上40以下	肥胖（3度）
40 以上	肥胖（4度）

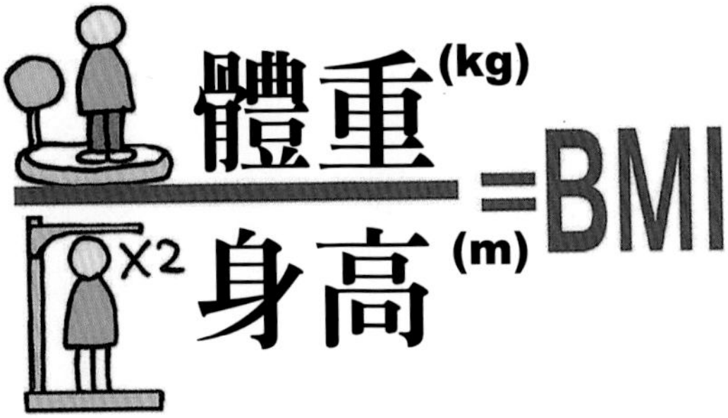

每天的檢查表

月　日（　）	天氣		體重	Kg	體脂肪率 %

本日的活動度
1. 具有活動性
2. 沒有活動

本日的飲食
不是以量而是以熱量來考慮
1. 適量
2. 太少
3. 太多

備註・日記・身體狀況等

本日的運動
1. 實施　2. 未實施
時間　分
種類
感想

要注意隱性肥胖

肥胖度。判定標準如左表所示。數值超過二十五以上，判定為肥胖。理想數值為二十一到二十二。

不使用體脂肪計，利用身體的感覺及ＢＭＩ數值就可以檢查自己的肥胖度，請多加利用。

在家中可以進行的有氧運動1

走路

將視線稍微置於遠方，避免身體左右搖晃，看著前方走路

對身體而言，走路是負擔最少同時也是低衝擊的有氧運動。只要想做，則隨時隨地都可以進行。

例如，搭車上下班時，提早一站下車走路回家或到公司，這就是很好的走路運動。平常以車代步到附近商店購物的人，也可以走路前往。

同樣都是有氧運動，但是如果變成慢跑，那就不輕鬆了。必須要換穿運動服、慢跑鞋，同時還要拿出開始慢跑的決心。但是，走路則不需要這些繁雜的手續。只要能夠毫不勉強的將走路納入平常的生活中，則任何人都可以馬上付諸行動。

當然，為了提升運動效果，必須要以正確的姿勢來進行，檢查平時所穿鞋子的鞋底的磨損情況。如果兩邊磨損的情況不均，就表示走路姿勢不良。請注意照片解說的要點，以正確的姿勢來走路。此外，上下班或外出購物時，如果能夠走路，則最好將東西放進背包內，空出雙手來。

走路時，盡量快走。步行時間越長越好，但不必一定要走到腳痛的地步。以三十分鐘到一小時為標準。如果能夠隨身攜帶計步器，就會成為更好的刺激。最近市

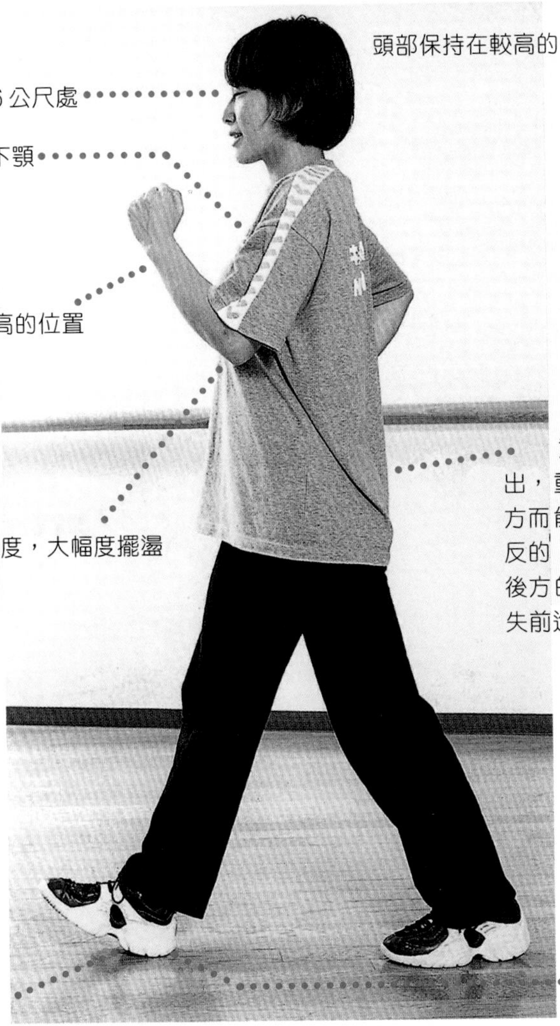
頭部保持在較高的位置，讓背部抬高
視線置於前方6公尺處
輕輕挺胸，收下顎
手臂保持在較高的位置
意識到肚臍往前突出，重心就會經常來到前方而能夠輕鬆的步行。相反的，如果採用重心置於後方的走路方式，就會喪失前進的力量
手肘彎曲成90度，大幅度擺盪
拉大步幅，盡量大跨步的走路
從腳跟先著地

面上有販賣和培養個性的遊戲一體成形的計步器，可加以利用。

每天的檢查表

月　　日（　　）	天氣		體重	Kg	體脂肪率 %	
本日的活動度	1. 具有活動性 2. 沒有活動		本日的運動		1. 實施　2. 未實施	
本日的飲食 不是以量而是以熱量來考慮	1. 適量 2. 太少 3. 太多		時間　分		種類	
備註・日記・身體狀況等			感想			

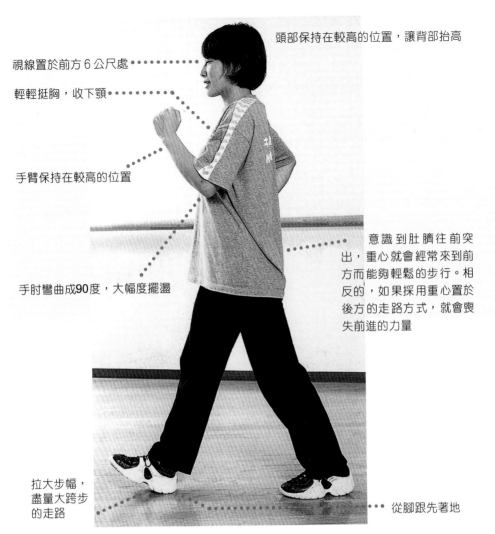

缺少活動性的人容易陷入體力減退的惡性循環中

第一章中已經提及「要提高日常生活的活動度」。在一週的一六八小時中，除了睡眠以外，有一一九小時是清醒的狀態。

如果能夠充滿活動性的度過這些時間，就能夠提升體力。相反的，如果生活散漫，則體力就會慢慢的衰退。每天生活充滿活動性是改善身體的第一步，這種說法絕不誇張。

原本缺乏活動性的人，平常就懶得活動，所以體力在標準以下。因為不活動，所以，攝取熱量大於消耗熱量，結果熱量成為脂肪每天蓄積在體內，這樣當然會導致肥胖。肥胖之後，就更不想活動了，造成體脂肪增加，這就是「負的循環」。

另一方面，經常活動的人，攝取熱量和消耗熱量取得平衡，體內不易積存體脂肪。體脂肪不積存，就會覺得身體輕鬆而更容易活動。經常活動就能消耗掉熱量，體脂肪不易積存，身體變得越來越健康。

請自我反省一下。即使是短距離的移動，是否都依賴交通工具呢？是否總是利用電梯或手扶梯替代爬樓梯呢？

有肥胖傾向的人

休假日是否足不出戶呢？工作上是否完全由部下執行，自己什麼事也不做呢？是否完全不碰家事呢？——只要符合其中的任何一項，就必須要注意了。一旦進入負的惡性循環，恐怕後悔莫及，要趕緊改變意識才行。

在平常的生活中，要經常意識到提高活動度來展現行動，就能夠成為良好的訓練。如果再加上有氧運動及抵抗運動，就絕對能夠活化身體，增強體力，提升每天的活動度。

即使在自己有限的時間內進行也無妨，做總比不做好。請從明天開始就把有氧運動和抵抗運動納入日常生活中。

每天的檢查表

月　日（　）	天氣		體重	Kg	體脂肪率　　%
本日的活動度 1. 具有活動性 2. 沒有活動			本日的運動 1. 實施　2. 未實施		
本日的飲食 不是以量而是以熱量來考慮 1. 適量 2. 太少 3. 太多			時間 分	種類	
備註・日記・身體狀況等			感想		

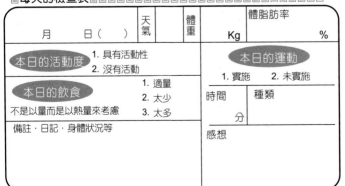

簡單的伸展運動1

大腿後面

最初的伸展運動講座，是指大腿後面、兩大腿內側的肌肉群。可以支持走路、跑步等基本的運動。這裡一旦僵硬，就容易造成肌肉拉傷。為了使慢跑或走路能夠順暢的進行，就要持續三十秒進行以下三種伸展運動。

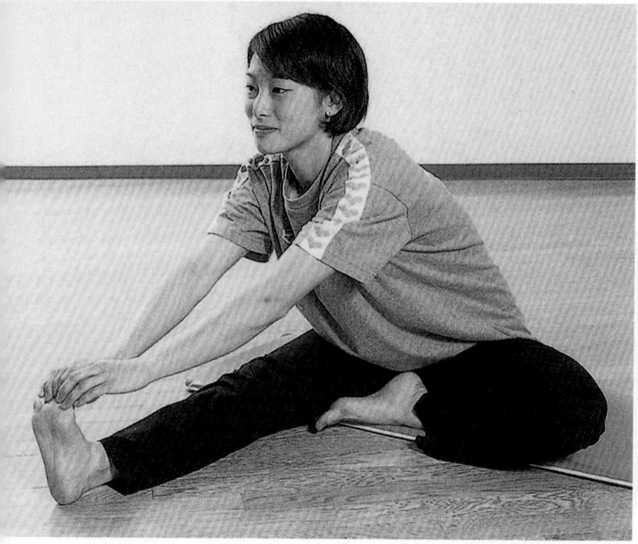

單腳伸向前方，雙手輕輕扶住腳趾。臀部後拉，同時稍微挺胸，大腿盡量靠近胸。用手拚命的拉扯腳趾，無法得到放鬆效果，故要挺胸，意識到往前倒的動作。

將打算要伸展的腳稍微伸向前方，手置於大腿根部。上身前倒，臀部抬向斜上方。這是能夠輕鬆進行的伸展運動，在等車或工作途中都可以進行。

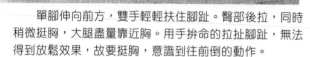

腳跟置於台子上，將抬腳一側的臀部慢慢的後拉。台子越高，就越能夠發揮伸展效果。像公園的長椅、辦公室的桌椅等，到處都可以進行伸展運動。

利用公園的欄杆伸展大腿後面。

每天的檢查表

月　日（　）	天氣		體重	Kg	體脂肪率 %

本日的活動度 1. 具有活動性 2. 沒有活動	本日的運動 1. 實施 2. 未實施
本日的飲食 1. 適量 2. 太少 3. 太多 不是以量而是以熱量來考慮	時間　分 | 種類
備註・日記・身體狀況等	感想

在家中可以進行的抵抗運動1

鍛鍊腳部I

深蹲

目標次數＝10～20次

反覆進行簡單的蹲下、站起的動作，可以成為腳部整體的訓練。尤其是大腿的前面（股四頭肌）和內側的肌肉（股二頭肌）及臀部（臀肌群）都可加以鍛鍊。不習慣的話，可將次數設定少一些。勉強進行，第二天一定會出現肌肉痛。

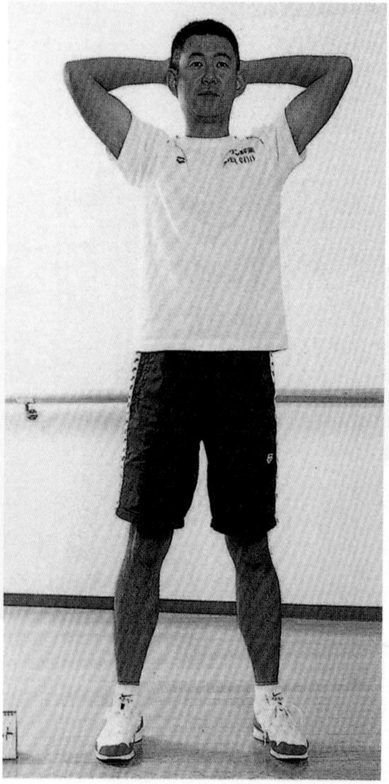

雙手交疊於頭部後方，雙腳張開如肩寬站立。腳趾和膝朝前方同一個方向。視線看著前方。

膝慢慢的前屈。彎曲的角度比九十度略寬一些，然後再起身。有節奏的反覆進行這個動作。勿深蹲過度，以免傷及膝。

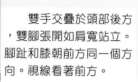

◆進行抵抗運動時的呼吸法◆

進行抵抗運動，尤其是重負荷時，因為全力以赴，所以有的人會停止呼吸。但是，這樣會使得血壓急速上升，非常危險。勉力而為，容易導致昏倒，要小心。

進行抵抗運動時，於用力時要吐氣，放鬆力量時要吸氣。一旦埋首於訓練，就往往容易忘記呼吸。

這時，就和意識到肌肉的收縮同樣的，要充分注意呼吸法來進行訓練。

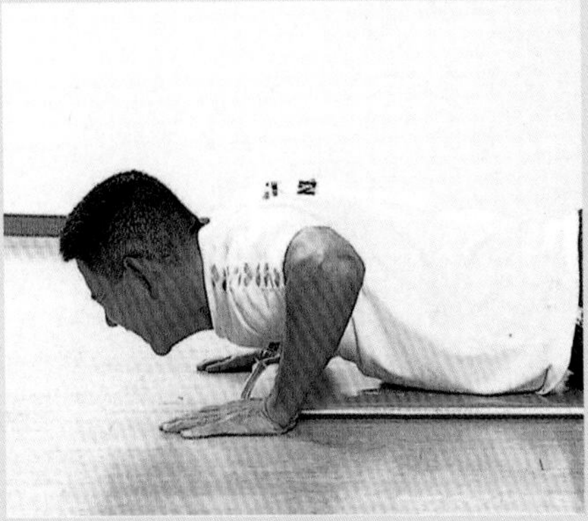

屈膝時，避免膝超出腳趾的位置。不可以保持前傾的姿勢。上半身的線條與小腿的線條宜保持平行。稍微挺胸，視線略微上抬 ，這種姿勢較不容易瓦解。

每天的檢查表

月 日（ ）	天氣		體重	Kg	體脂肪率 %

本日的活動度 1. 具有活動性 2. 没有活動	本日的運動 1. 實施 2. 未實施
本日的飲食 不是以量而是以熱量來考慮 1. 適量 2. 太少 3. 太多	時間 分 / 種類
備註・日記・身體狀況等	感想

●本週的結果和下週的目標

		一	二	三	四	五	六	日	
活動度		1 2	1 2	1 2	1 2	1 2	1 2	1 2	點
飲食		1 2 3	1 2 3	1 2 3	1 2 3	1 2 3	1 2 3	1 2 3	點
運動		1 2	1 2	1 2	1 2	1 2	1 2	1 2	點
計									點
圖表	3								次
	4								次
	5								次
	6								次
	7								次
		一	二	三	四	五	六	日	

◆為了達成本週的目標而進行的事情

◆本週的問題點

◆下週的行動目標

第4章

在本週的訓練課程中加入平衡球。使用平衡球進行運動，能夠培養全身的肌力與平衡感。

利用平衡球檢查肌力與平衡感

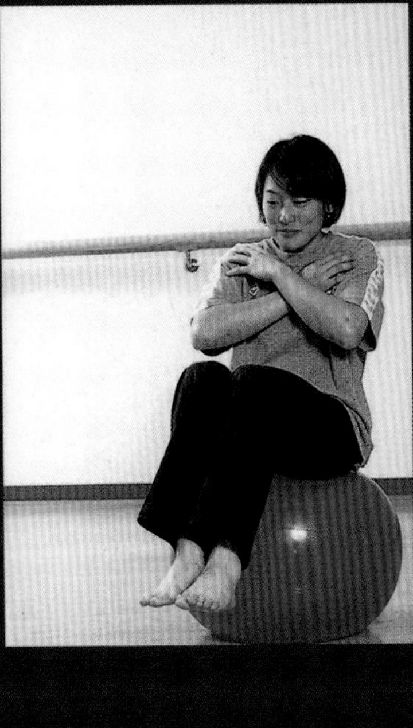

讓運動成爲預防「生活習慣病」的「良藥」

運動能夠預防缺血性心臟病及其他的生活習慣病

缺血性心臟病（心肌梗塞）是中老年人容易罹患的疾病，這是十年前的想法。不過，現在卻有年輕化的傾向，即使年輕人也會罹患，甚至也出現兒童患者。可以說有成為國病的跡象。

其背後的因素，就在於過著高熱量、高脂肪的偏食生活。當然，現代人以車代步的生活方式，亦即運動不足也是一大原因。

令人不安的缺血性心臟病，其構造如下。亦即持續過著攝取太多脂肪的生活，血中膽固醇增加，就會罹患高血脂症。再繼續惡化時，血管充斥膽固醇，就會阻礙血液的流動。最後，心臟的冠狀動脈阻塞，心臟功能出現毛病，容易罹患缺血性心臟病。

經由健康檢查而被告知有高血脂症的人，就要注意了。不但要從根本上重新評估飲食生活，而且要積極的將運動納入日常生活中，讓體內多餘的膽固醇燃燒，努力改善體質。

運動能夠預防缺血性心臟病，理由如下。醫學上認為這個疾病的危險因子包括

運動不足和高熱量的飲食生活，
使得成人病的患者有年輕化的傾向

「高血壓」、「高血脂症」、「運動不足」、「日常活動度」、「年齡」、「疾病家族歷」、「吸菸」——這七項。關於第三項的運動不足，以及前述的高血脂症還有高血壓、日常活動等各因子，都可以藉由運動加以改善。經由運動鍛鍊肌肉，就能夠使末梢血管的血液循環順暢，減輕心臟的運動量而減少心臟的負擔。

運動有助於預防糖尿病等其他的生活習慣病。由這個意義來看，年紀越大，越需要運動。尤其中年期會出現各種疾病的徵兆。因此，要再度認識運動的效果，以嶄新的心情向運動挑戰。

此外，因為增加了消耗熱量，所以不必勉強減肥，只要運動，就能夠提升身體的抵抗力，遠離疾病。

運動也可紓解壓力，讓所有的苦惱暫時拋諸腦後。持續運動，能發揮絕佳的塑身效果，感覺神清氣爽，恢復年輕。

只要開始運動，則一切都會朝好的方向發展。運動的確具有正面的效果。

每天的檢查表

月　日（　）	天氣	體重　Kg	體脂肪率　%
本日的活動度	1. 具有活動性 2. 沒有活動	本日的運動	1. 實施　2. 未實施
本日的飲食 不是以量而是以熱量來考慮	1. 適量 2. 太少 3. 太多	時間　分	種類
備註・日記・身體狀況等		感想	

以能夠交談的程度來進行有氧運動

以前曾進行運動的人，較容易步入運動過度的陷阱中而遇挫。

在第二章已經提及有氧運動的優點。除了能夠消耗多餘的體脂肪之外，也有助於減少令人棘手的膽固醇。為了健康，一定要積極的將有氧運動納入生活中。進行有氧運動，能夠使全身血液循環順暢，強化心肺功能。此外，對於進行其他運動的人而言，有氧運動也是有效的訓練。

這麼好的有氧運動，在開始實行的時候，要注意以下幾點。

首先是不可勉強。

走路、慢跑、騎自行車、游泳等，運動之初，要從暖身運動的階段開始進行。盡量放慢步調開始做。事實上，比較容易造成勉強的，反而是過去曾經進行運動的人。

以前幾分鐘內就跑完十公里——。因為腦海中一直浮現這樣的記錄，所以，造成一開始就承受壓力而吃不消。這樣，當然會殘留疲勞感，第二天以後就興趣缺缺了。為什麼現在跑得這麼慢？……這種自我譴責的想法也會成為一種壓力，讓自己變得越來越憂鬱。

有運動經驗的人，容易在進行有氧運動時遭遇挫折。因此，不要和以前的自己比較，過去是過去，一切都要從頭開始，才能夠慢慢的提升步調。

這裡所列的表是「主觀的運動強度（RPE）」。

能夠一邊交談一邊進行運動並持之以恒，這才是有氧運動的重點

是以運動醫學的觀點將運動時的痛苦當成指標。這在一些運動的入門書中也加以介紹。

在有氧運動中，可以把表中「稍微吃力」的強度當成一個目標。

若以速度來說，就相當於能夠一邊交談一邊運動的程度。一旦超過，則疲勞會殘留到次日，很難持之以恒。

事實上，這個「稍微吃力」的運動強度，也能夠有效的燃燒脂肪。因為較具專門性，故詳情在此省略不談。總之，運動強度超過這個範圍以上時，就會成為無氧運動，反而不容易消耗體脂肪。

表的左側數字，是進行十倍時運動中的心搏數。這是以平常運動的人為對象而擬定的資料。初學者不在此限。習慣運動後，慢慢的就能夠達到如表所示的心搏數目標。關於心搏數，在第六章將有更進一步的說明，請參考。

●主觀的運動強度（RPE）

20	
19	非常吃力
18	
17	很吃力
16	
15	吃力
14	
13	稍微吃力
12	
11	輕鬆
10	
9	很輕鬆
8	
7	非常輕鬆
6	

每天的檢查表

月　日（　）	天氣	體重　Kg	體脂肪率　%
本日的活動度：1. 具有活動性　2. 沒有活動		本日的運動：1. 實施　2. 未實施	
本日的飲食（不是以量而是以熱量來考慮）：1. 適量　2. 太少　3. 太多		時間　分	種類
備註・日記・身體狀況等		感想	

平常就要意識到正確的姿勢

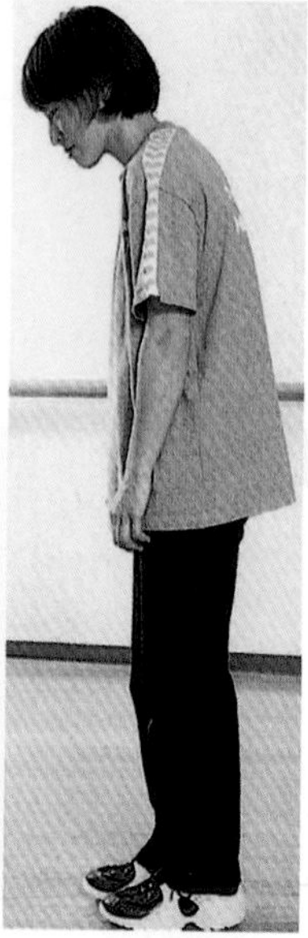

不良姿勢1　頭和肩膀往前伸出，保持前傾的姿勢。予人有氣無力的印象。亦即是所謂的駝背

不良姿勢2　肩膀往後下垂，拱起背部。站姿讓人感覺無氣力。

最近，姿勢不良的人增加了。不論在街上、工作場所或車上，幾乎看不到脊椎挺直的人。偶爾看到這樣的人，會讓人由衷的讚「啊！那個人的姿勢真棒！」姿勢漂亮的人讓人印象深刻。

姿勢不良，代表身體某處出現歪斜。容易疲勞或肩膀、背部經常酸痛的人，或有偏頭痛、視力模糊等症狀的人，首先要懷疑這可能與姿勢不良有關。就算沒有自覺症狀，但姿勢不良，的確對身體不好，表示身體某處過度勉強。平常就要經常檢查自己的姿勢。尤其女性更要注意，穿高跟鞋時，身體的重心改變，容易造成姿勢不良。

正確的姿勢是，即使長時間保持相同的姿勢，身體的任何一處也不覺得承受負擔，亦即是能夠毫不勉強順暢活動的姿勢。

次頁是這種姿勢的示範照片。筆直站立時，耳廓點（耳垂）、肩峰點（肩）、（大轉子點股骨與骨盆的接點）、髕點（膝側）、外踝點（腳踝前方）並列於垂直線上。這就是檢查姿勢良好與否的最大重點。

自我檢查一下姿勢。在街上漫步時，看看映在商家玻璃櫥窗上自己的身影。

此外，也可以請身邊的家人或朋友指出自己姿勢的缺點。

只要稍加留意，就能夠

正確姿勢

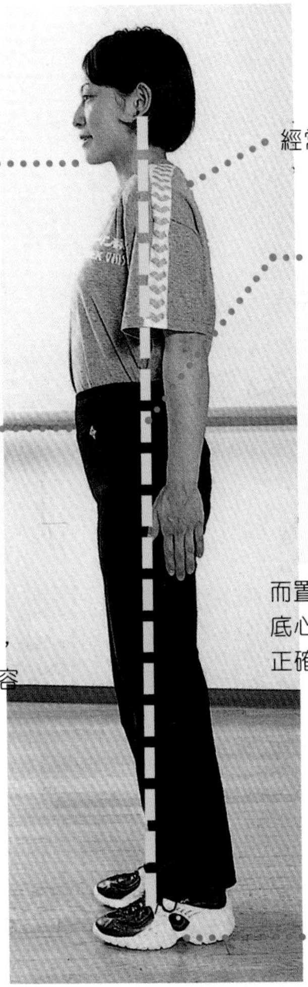

輕輕收下顎

經常意識到要抬起背部

站立時，耳廓點（耳垂）、肩峰點（肩）、大轉子點（股骨與骨盆的接點）、髕點（側）、外踝（腳踝前方）並列於垂直線上。

腹部隨時用力，一旦放鬆力量，就容易駝背。

體重勿置於腳跟，而置於腳踝稍前方、腳底心周圍，就能夠擁有正確的姿勢。

保持正確的姿勢。但是，不注意時，就很容易再度回到原先不良的姿勢。經常發現自己姿勢不良的人，或總是被指正姿勢不良的人，必須自我警惕。要經常意識到保持正確的姿勢來展現行動。

每天的檢查表

月　日（　）	天氣		體重	Kg	體脂肪率	%
本日的活動度	1. 具有活動性 2. 沒有活動		本日的運動	1. 實施　2. 未實施		
本日的飲食 不是以量而是以熱量來考慮	1. 適量 2. 太少 3. 太多		時間　分	種類		
備註・日記・身體狀況等			感想			

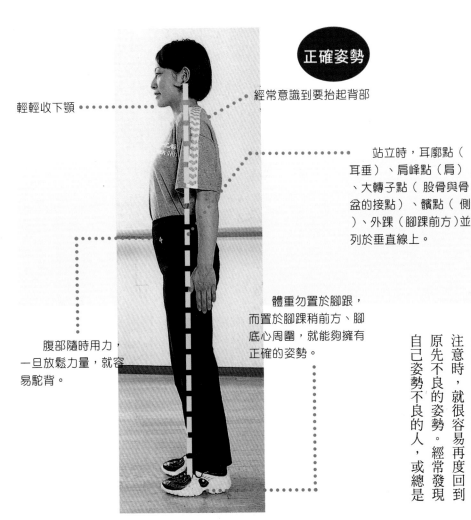

簡單的伸展運動2

小腿肚

腳踝的強度與柔軟性，其重點在於小腿肚的性質。只要此處柔軟，腳就能夠順暢的運作。尤其慢跑的人，務必要努力的進行這個伸展運動。在進行第三章所介紹的大腿後面的伸展運動時，先做小腿肚的伸展運動，效果更好。

雙臂張開如肩寬，未做伸展運動一側的腳輕輕上抬，保持四肢碰地的姿勢。著地腳一側的膝伸直，腳跟上抬。當腳跟落地時，慢慢的伸展整個小腿肚。

小腿肚下方的伸展運動。腳跟與地面緊密貼合，雙手將膝蓋頭朝前方壓。當膝往前伸出時，腳跟容易上抬，但切勿讓腳跟離地。

雙手張開如肩寬貼牆，要進行伸展運動的腳的一側其膝朝後方伸直，另一隻腳自然的彎曲。腳跟貼地，雙臂壓往牆壁，這樣就能夠順暢的進行小腿肚上方的伸展運動。重點是腳跟不可離地。想要提升伸展運動的效果時，只要讓腳繼續朝後方延伸即可。此外，屈膝壓壁，就能夠成為伸展小腿肚下方的運動。

腳跟、臀部、背部、頭部形成一直線為基本姿勢。如照片所示，一旦腰部突出時，就無法進行正確的伸展運動。

每天的檢查表

月　　日（　　）	天氣		體重	Kg	體脂肪率　　%
本日的活動度 1. 具有活動性 2. 沒有活動			本日的運動 1. 實施　2. 未實施		
本日的飲食 不是以量而是以熱量來考慮 1. 適量 2. 太少 3. 太多			時間 分	種類	
備註・日記・身體狀況等			感想		

利用平衡球的運動1

彈跳

A

雙腳張開如肩寬，腳趾與膝朝前方相同的方向，坐在球上。保持這個姿勢在球上上下大幅彈跳。

B

雙腳併攏，進行與A相同的動作

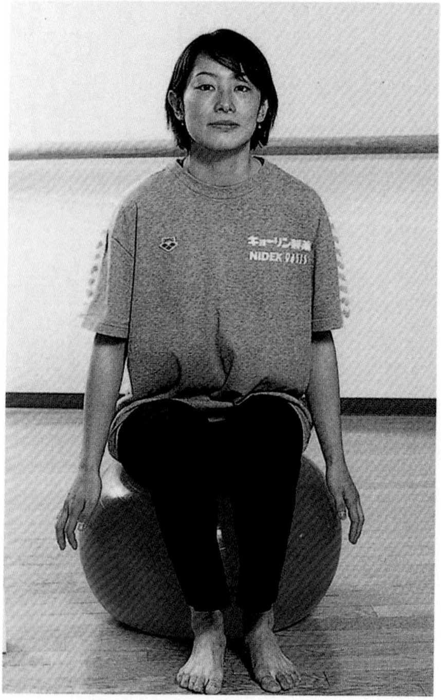

這是能夠提高平衡感的訓練構想。坐在不穩定的球上，如果不能夠使得腹肌和背肌保持平衡的力關係，就無法筆直的坐在球上。

而且，如果在球上進行上下彈跳，就能夠成為培養腹肌與背肌平衡的訓練。雙腳併攏或單腳離地來進行這項運動。

進行平衡球的運動，最初以二十到三十秒為目標，習慣之後，再慢慢的延長時間。要避免因為失去平衡而讓頭部或臀部撞到地面。

好像大型海灘球的平衡球，原本是為了復健而開發出來的道具。近年來，被用來進行各種運動的訓練。這個運動效果，就是培養平衡感，提高身體的調整力，讓身體得到放鬆。此外，也可以當成伸展運動或抵抗運動的輔助道具來使用。

平衡球的優點，就是能夠以遊戲的感覺來進行訓練。只要坐在球上砰砰的彈跳即可。不論是看電視或聽音樂，都可以坐在球上進行，同時可以期待效果出現。因為能夠快樂的進行訓練，所以，對於很難長期持續訓練的人來說，這是值得一試的方法 。

平衡球的大小有三種形態，可依身高來選用。可以在運動器材行買到或利用網路購買。

c

只用單腳進行相同的動作。有的人可能左腳或右腳很難取得平衡。這是因為失去平衡的緣故，故要對該處進行重點式的訓練。

每天的檢查表

月　日（　）	天氣		體重　Kg	體脂肪率　%
本日的活動度 1. 具有活動性 2. 沒有活動			本日的運動 1. 實施 2. 未實施	
本日的飲食 不是以量而是以熱量來考慮 1. 適量 2. 太少 3. 太多			時間　分	種類
備註・日記・身體狀況等			感想	

在家中可以進行的抵抗運動2

鍛鍊腳部Ⅱ

弓箭步

目標次數＝10～20次

和深蹲法同樣的，整個腳，尤其是大腿前面（股四頭肌）和背面（股二頭肌）以及臀部（臀肌群）都可加以鍛鍊。同時也能夠培養平衡感。左右腳交互進行。

B.單腳朝前方大步跨出，屈膝。盡量拉大步幅，但是膝不可超過腳尖。後膝不可著地。視線稍微朝上、挺胸來進行。然後再將往前伸出的腳歸位，回到A的姿勢。接著換腳做相同的動作。腳邁出越遠越能提高強度，反之，距離拉近，強度就會降低。

◆積極的活用健身房◆◆◆◆◆◆◆◆

本書所介紹的抵抗運動，隨時隨地都可以進行。但是，如果時間、經濟許可的話，不妨活用健身房。

最近很多健身房都是採會員制，因為事先交了錢，所以會員多半不會輕易放棄。這些健身房除了備有運動機器之外，也有游泳池或三溫暖，同時也開放各種教室。對於一週利用二、三次的人而言，這是很划算的投資。只要和設施的專屬教練商量一下，就可以配合目的來安排課程。此外，一些地方的公共設施也提供完善的訓練設備，費用相當便宜，可以積極的活用。當然，依設施的不同，有些會測定體力或舉辦各種運動教室，都可以利用。請積極的利用這些設施，實踐快樂、持之以恒的訓練吧！

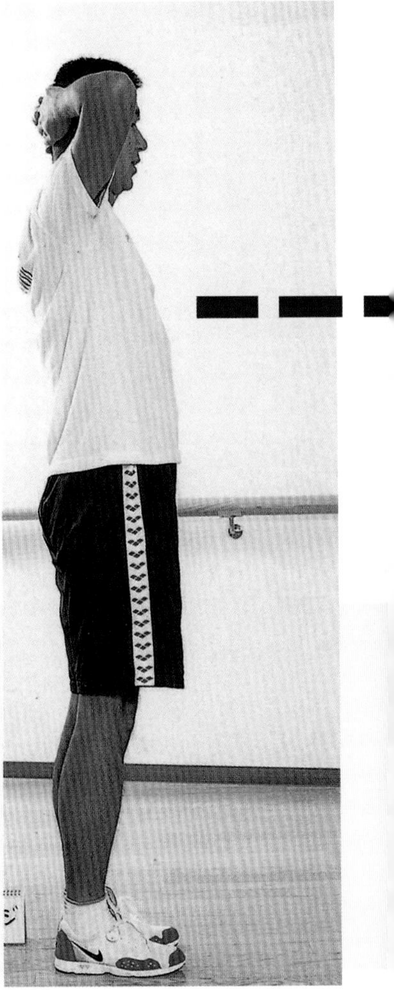

A.雙手交疊於頭後，略微打開雙腳，挺直上身站立。

每天的檢查表

月　日（　）	天氣		體重　Kg	體脂肪率　%
本日的活動度　1. 具有活動性　2. 沒有活動			本日的運動　1. 實施　2. 未實施	
本日的飲食　不是以量而是以熱量來考慮　1. 適量　2. 太少　3. 太多			時間　分	種類
備註・日記・身體狀況等			感想	

●本週的結果和下週的目標

		一	二	三	四	五	六	日	
活動度		1 2	1 2	1 2	1 2	1 2	1 2	1 2	點
飲食		1 2 3	1 2 3	1 2 3	1 2 3	1 2 3	1 2 3	1 2 3	點
運動		1 2	1 2	1 2	1 2	1 2	1 2	1 2	點
計									點
圖表	3								次
	4								次
	5								次
	6								次
	7								次
		一	二	三	四	五	六	日	

◆為了達成本週的目標而進行的事情

◆本週的問題點

◆下週的行動目標

第5章

納入騎自行車的新課程

學會訓練的基本之後，本週則將騎自行車納入訓練課程中。騎自行車是極具效果的有氧運動。

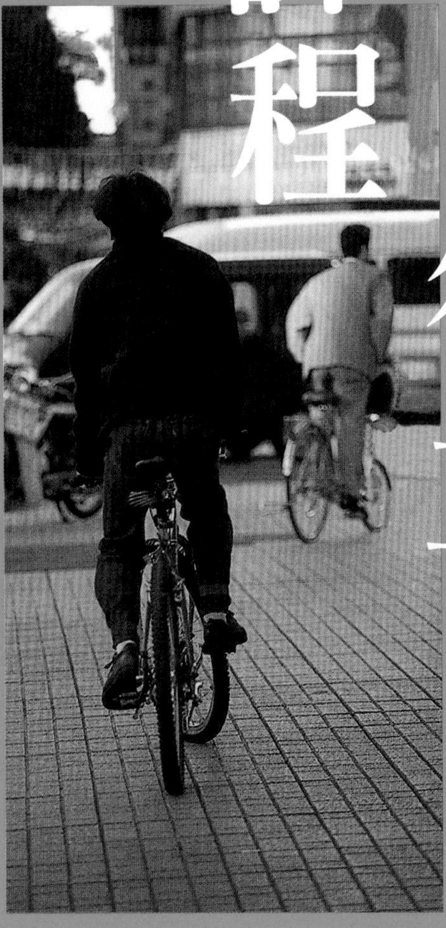

努力過著規律正常的飲食生活

一天的飲食以早、午、晚攝取三次為基本。兩餐的間隔時間太長或是太短都不好。長時間保持空腹感，則在這段時間內的工作效率不佳，同時，在下一次進食時容易暴飲暴食，亦即是會成為蓄積體脂肪的要因。

相反的，如果用餐間隔時間太短，則胃腸必須不眠不休的持續工作，容易引起消化不良。

早、午、晚一天三次的飲食，對人類而言，是最適當的飲食規律。

最近，有些人主張一天最好吃四、五餐。一天三餐的飲食，通常會在感覺空腹時想要吃點東西，結果容易造成熱量過剩。但是，如果分為四、五餐少量攝取，就不必擔心進食過量的問題。這種方法對於想要減重的人來說，尤其有效。

一天飲食四、五餐而增加飲食量，當然會造成負面效果。所以，應該是「少量攝取」，控制一天的整體量。

很多上班族或粉領族都不吃早餐。不過，早晨是一天活動的開始，一定要好好的攝取食物。否則，從前一天晚上空腹到中午，就會出現缺氧的現象。為了讓上午能夠有效率的工作，早餐是不可或缺的。

此外，晚餐最好少吃一

些。夜晚只是就寢，不需要太多的熱量。攝入體內的多餘碳水化合物與蛋白質會變成脂肪，所以，晚上吃太多是造成肥胖的最大原因。

如果將一天所攝取的熱量設定為十，那麼，最理想的分配方式即是早餐五、午餐三、晚餐二。在忙碌時可能辦不到，但是，最好在決定好的時間攝取三餐。關於晚餐方面，應該在就寢前的二小時就要吃完。

更重要的是，要多花點時間來進食。進食時細嚼慢嚥，就能夠使得消化、吸收順暢的進行，而且容易產生飽足感，藉此就能夠預防吃得過多。

地球上的生物之中，只有人類將飲食視為是一種文化。我們應該要攝取均衡的營養，享受飲食的文化之樂。

每天的檢查表

月　日（　）	天氣		體重	Kg	體脂肪率　%
本日的活動度 1. 具有活動性 2. 沒有活動			本日的運動 1. 實施 2. 未實施		
本日的飲食 不是以量而是以熱量來考慮 1. 適量 2. 太少 3. 太多			時間　分	種類	
備註．日記．身體狀況等			感想		

持續進行有氧運動的秘訣在於增加10%的作戰力

想要利用有氧運動消耗熱量，就要盡量長時間持續運動。如第二十九頁的圖表所示，多花點時間運動，就能夠有效的燃燒脂肪。因此，一定要延伸跑步或游泳的距離。

但是，在此也有個陷阱。如果今天比昨天更努力，因為勉力而為導致疲勞蓄積時，就會找藉口想要放棄。開始運動後，身體可能會過度疲累，到了初中期階段，陷阱就出現了。在前一章中也提及，以前進行運動的人，較容易陷入這種形態中，要小心。

雖然如此，但卻很難解決這個問題。一旦感覺做運動是一種義務時，就會造成壓力，這時就要懷疑是否自己的步調太快了。

步調太快會成為受傷的原因。以跑步為例，可能會因此損傷膝或腳踝，容易陷入過勞症候群中。

秘訣就是不要一下子延長三十分鐘、五十分鐘，要慢慢的延長時間。建議各位採取增加十%的作戰方式。以一週最多延長十%的範圍來進行。例如，上一週是三十分鐘，則本週就延長為三十三分鐘。要稍微放慢步調，一個月增加十%即可。即使以增加五%為目標也無妨。延長運動時間不可操之過急，這才是能夠持續運動的秘訣。

把有氧運動納入生活中

增加10％的有氧運動

一週增加10％的運動時間即可。驟然加快步調會產生弊端。

並長久持續下去，以此為最大的課題。當然，身體狀況欠佳時，減少運動時間也無妨，事後也不必勉強彌補之前不足的部分。

要讓自己能夠毫不勉強的持之以恒，一步步的累積實力，才能夠確實得到有氧運動的效果。

除了時間之外，也可以把距離當成目標。像慢跑、走路等，可利用繞行一週的路線來做訓練。在提升十％的範圍內，增加次數。如果是折返的路線，則可以慢慢的延伸目標，這些都是很好的鼓勵。

但是，不要拚命追著數字跑。努力的結果，就是希望能夠長時間進行運動，所以要隨機應變。

這種增加十％的作戰方式，在等到身體習慣運動之後，數值就會慢慢的提升。如果運動當天或次日感覺異常的疲累，就必須要重新評估數字了。

每天的檢查表

月　日（　）	天氣	體重　Kg	體脂肪率　％
本日的活動度　1. 具有活動性　2. 沒有活動		本日的運動　1. 實施　2. 未實施	
本日的飲食　1. 適量　2. 太少　3. 太多 不是以量而是以熱量來考慮		時間　分	種類
備註．日記．身體狀況等		感想	

在家中可以進行的抵抗運動3

鍛鍊腹部

仰臥起坐

目標次數＝10～20次

這是腹肌運動。仰躺，反覆抬起、放下上半身，鍛鍊腹肌（腹直肌）。可以將腳置於椅子上來進行，或為了鍛鍊側腹（腹斜肌）而側躺等，讓訓練富於變化。一般而言，女性的腹肌較弱，最初可將手伸向前方來做這個動作。若請他人壓住自己的腳來做這個運動，則會使用到腹肌以外的肌肉，因此最好勿請他人協助。

A.仰躺，雙膝直立。若不屈膝則容易損傷腰。手置於頭部後方。膝的角度呈90度。

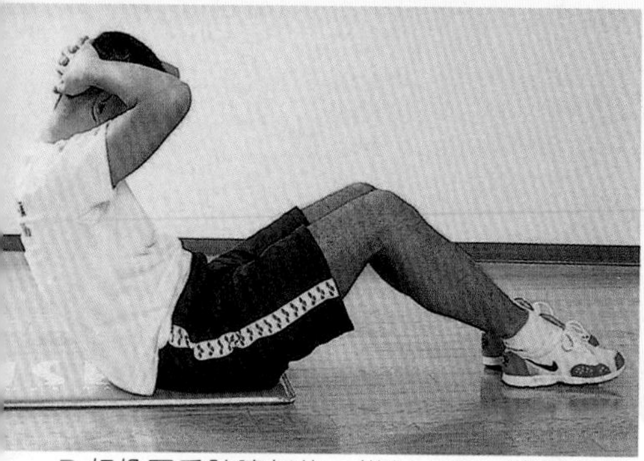

B.好像要看肚臍似的，拱起上身，慢慢的彎曲身體。不可利用反彈力，要慢慢的彎曲，直到彎不下去為止。

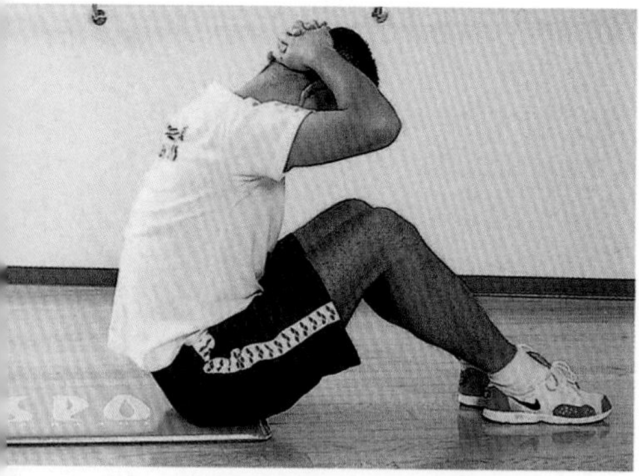

C.抬起上身後，慢慢的將上身往後倒。不可讓身體剎那間就倒下。以看肚臍的方式，讓背骨一節一節的貼地。保持一定的速度，花八秒鐘的時間慢慢的倒下。

D.手無法交疊於頭部後方來進行仰臥起坐的人，可以將手伸向前方來進行。這樣就能夠減輕負荷。倒下時，手放回頭部後方。

E.如果還是做不到，那麼可以用手捧住大腿，拉起上身。

每天的檢查表

<table>
<tr><td colspan="2">月　日（　）</td><td>天氣</td><td></td><td>體重</td><td>Kg</td><td>體脂肪率
%</td></tr>
<tr><td colspan="4">本日的活動度
1. 具有活動性
2. 沒有活動</td><td colspan="3" rowspan="2">本日的運動
1. 實施　2. 未實施
時間　分
種類</td></tr>
<tr><td colspan="4">本日的飲食
不是以量而是以熱量來考慮
1. 適量
2. 太少
3. 太多</td></tr>
<tr><td colspan="4">備註・日記・身體狀況等</td><td colspan="3">感想</td></tr>
</table>

■第5週★★★

簡單的伸展運動3

臀部

這一次要進行臀部的伸展運動。像排球等球技或慢跑等，在所有的運動中，腳部後踢都具有重要的作用。

臀部一旦僵硬，就容易引起腰痛。要進行以下三種伸展運動使臀部柔軟。

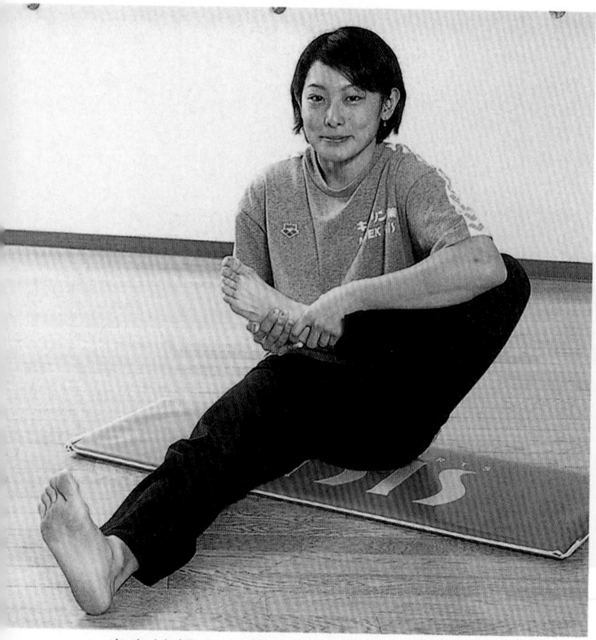

坐在地板上，雙手抓住腳踝。膝朝肩膀的方向往上拉。膝的彎曲角度為90度時最為理想。若想要得到更棒的伸展效果，則讓上身倒地，就能夠形成更吃力的動作。

膝彎曲成90度，上身倒向彎曲的膝，不可拱起背部，要挺胸。讓心窩和膝蓋貼合，這是秘訣。不可利用反彈力或勉強倒下。

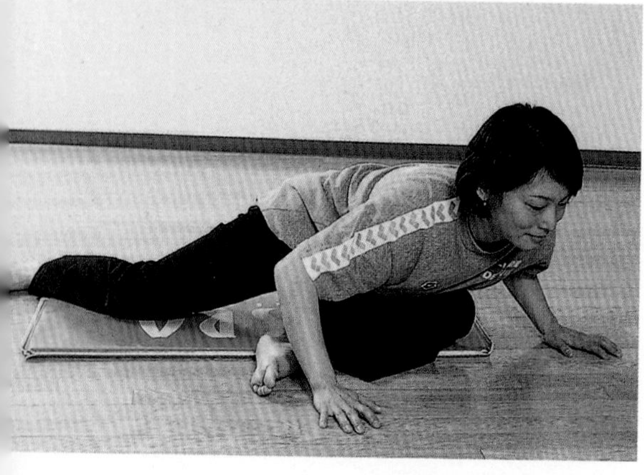

1．首先躺在地板上，單腳屈膝。伸展側的腳踝置於膝上。

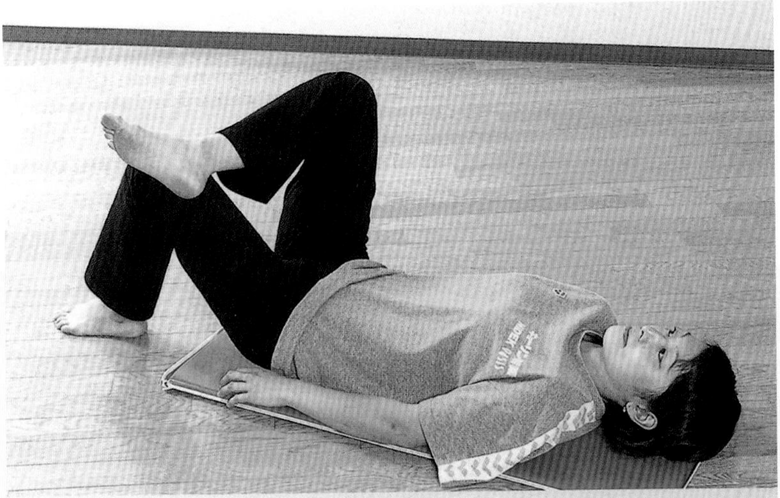

2．雙手交疊在立起的腳的膝內側朝上身拉。對於臀部的肌肉應該會造成強烈刺激。拉完單腳後，也要拉另一隻腳。

每天的檢查表

月　日（　）	天氣	體重　Kg	體脂肪率　%
本日的活動度 1. 具有活動性 2. 沒有活動		本日的運動 1. 實施　2. 未實施	
本日的飲食 不是以量而是以熱量來考慮 1. 適量 2. 太少 3. 太多		時間　分	種類
備註・日記・身體狀況等		感想	

利用平衡球的運動2

平衡

利用各種姿勢坐在球上的運動，能夠有效的培養全身的平衡感。在不穩定的球上取得不穩定的姿勢，想要保持平衡並不容易。要配合球的動作移動身體，同時保持平衡。習慣之後，也可以坐在球上數分鐘。

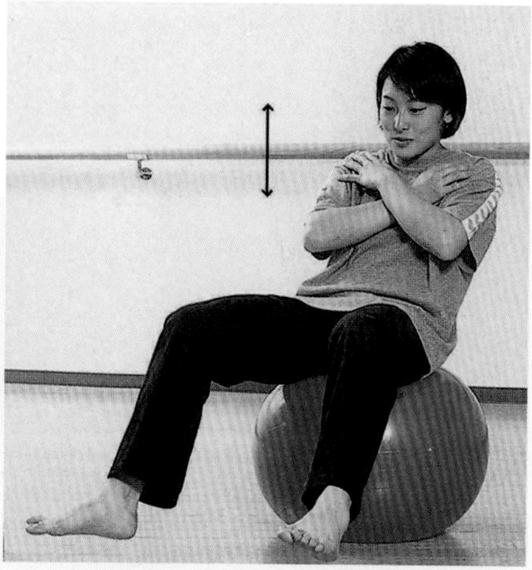

A．坐在球上，兩手臂交疊於胸前，上身後倒，雙腳離地。以這個姿勢保持平衡。讓身體在球上輕輕的上下移動。

B．將打開的雙腳併攏，進行與A相同的動作。這個動作比較困難。

C．雙手、雙膝趴跪在球上，保持平衡，不要跌落下來。

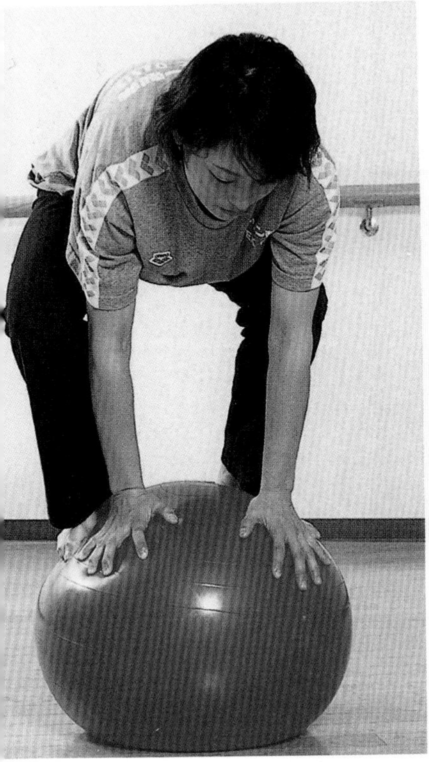

D．只用雙膝跪在球上，保持平衡。抬起上身，雙手保持水平。

E．用四肢騎在球上，取得平衡。這項很困難，不必勉強完成。

每天的檢查表

月　日（　）	天氣		體重　Kg	體脂肪率　%
本日的活動度 1. 具有活動性 2. 沒有活動			本日的運動 1. 實施　2. 未實施	
本日的飲食 不是以量而是以熱量來考慮 1. 適量 2. 太少 3. 太多			時間　分	種類
備註・日記・身體狀況等			感想	

騎自行車追逐著風 輕鬆的進行有氧運動

騎自行車是有效的有氧運動。不只是每天的訓練，也可以活用在上班、上學上。

騎自行車的優點是，對肥胖者而言，負擔較少。不像慢跑或走路會受到來自地面的衝擊。即使體重較重，騎自行車比較不會造成膝和腳踝的傷害。

擴大行動半徑，能夠邊騎車邊觀賞風景。追逐著風騎自行車的快感，真是人生一大享受。最近掀起騎自行車的旋風，不妨嘗試一下。

騎自行車幾乎不太使用上半身，因此，有些人認為運動量不夠。但是，其擁有有氧運動的優質特性，脂肪燃燒效率極高。想要增加運動量時，可將爬坡地納入活動範圍。

正確騎自行車的方法是，腳底拇趾根部的拇趾球踩住踏板。另一個重點則是利用下半身來踩踏板—。剛開始時，坐在坐墊上的臀部會覺得疼痛，但很快就會習以為常，不再感覺痛苦了。

騎車的時間因人而有差異，不能一概而論。總之，在不勉強的範圍內，盡量長時間、長距離的騎車。

想要騎較長的距離時，可以騎到郊外去。如果不在意會遇到階梯的問題，那麼最好選擇登山路線。當然，以有氧運動的性質來說，利

街道上有階梯可騎越野車

不會對膝或腳踝造成負擔

正確角度
5°
用腳趾踩踏

用家中的越野車也不錯。

不一定要使用專用鞋，一般的鞋子也沒問題。

配合個人的體格來調整自行車的踏板、坐墊及把手的高度。一旦高度錯誤，那麼，長時間騎車會造成腰部受損。

腳踩在踏板上時，最好是輕輕屈膝的狀態。腳的角度以五度最為理想。將坐墊調整到這個高度。

初學者要讓把手的高度比坐墊高些，這樣騎乘時才能夠產生穩定感。但是熟練者就要讓把手的高度低於坐墊，藉此才能夠加快速度。

在各地都設有騎單車教室，尤其在河濱公園多半設有騎自行車專用車道，不必擔心發生交通意外事故，能夠充分享受騎自行車之樂。

每天的檢查表

月　日（　）	天氣		體重	Kg	體脂肪率　%
本日的活動度 1. 具有活動性 2. 沒有活動			本日的運動 1. 實施 2. 未實施		
本日的飲食 不是以量而是以熱量來考慮 1. 適量 2. 太少 3. 太多			時間　分	種類	
備註．日記．身體狀況等			感想		

●本週的結果和下週的目標

		一	二	三	四	五	六	日	
活動度		1 2	1 2	1 2	1 2	1 2	1 2	1 2	點
飲食		1 2 3	1 2 3	1 2 3	1 2 3	1 2 3	1 2 3	1 2 3	點
運動		1 2	1 2	1 2	1 2	1 2	1 2	1 2	點
計									點
圖表	3								次
	4								次
	5								次
	6								次
	7								次
		一	二	三	四	五	六	日	

◆為了達成本週的目標而進行的事情

◆本週的問題點

◆下週的行動目標

第6章

中度有氧運動和抵抗運動

將慢跑納入訓練中，當成是提高全身持久力的有效訓練。利用抵抗運動提升肌力，利用慢跑提高吸入氧的能力。

藉著心搏數的管理合理的進行有氧運動

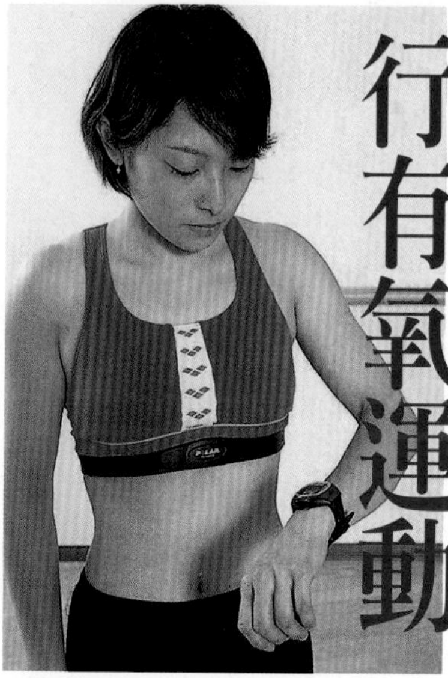

使用心跳監控器，就能夠正確的測量心搏數。價格適中，容易買到。

運動時的心搏數／分＝（二二〇—年齡—安靜時的心搏數／分）×運動強度的程度（％）＋安靜時的心搏數／分

心臟跳動的心搏數會隨著活動身體而上升，因此，可以當成知道運動強度的一個指標。檢查自己的心搏數，就能夠知道是否以適當的運動強度來運動，藉此管理有氧運動的程度。

早上醒來後，在起床之前先測量安靜時的心搏數。手指抵住手腕或頸部，測量脈搏跳動次數十秒鐘，然後再乘以六倍，這就是一分鐘的心搏數。另外，也可以測量二十秒鐘，然後再乘以三倍。

此外，利用專用的心跳監控器（上面照片），就能夠正確的計算出數值來。為了創造健康，這種投資是值得的。

市面上也有販賣內藏心搏計的手錶，但其準確度不高，只能夠期待更精準的製品登場。

心搏數的公式如一開始所敘述的。以前也曾經提出過一些公式，但這個公式加上「安靜時的心搏數」，是應用最新運動科學的公式，可信度相當高。

最大問題在於運動強度。進行有氧運動之初，應該將目標定在五十％左右，習慣之後，再慢慢提升為六十到七十％。

在此，就以三十五歲、安靜時心搏數為六十的人為例來計算。公式中不是使用百分比，而是使用小數〇・五。（220−35−60）×0.5＋60＝122.5。因此，如果運動時的心搏數為一二三，就表示大約擁有五十％的運動強度。在此數值之下，表示強度太弱，之上則表示強度太強。

在第四章的第二項中（五十四頁～五十五頁）曾經介紹過「主觀的運動強度（RPE）」表。表左邊的數字乘以十倍，大致就等於心搏數的數字。前面例子中的人，心搏數運動強度的五十％約為一二三，相當於「稍微吃力」（十三的十倍等於一三〇）以下，這也就證明了此表的妥當性。對於不習慣運動的人而言，即使是五十％的運動強度，也會覺得「很吃力」。

運動中的心搏數，其測量方法與安靜時是同樣的，利用手指或藉著心跳監控器來測量。檢查心搏數，就能夠控制目前所進行的運動的強度。利用這個方法，能夠穩定步調，合理的持續進行有氧運動。

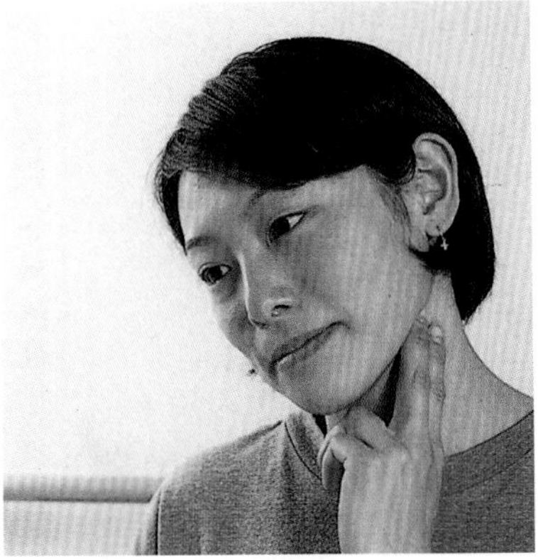

手指抵住頸部，測量心搏數。

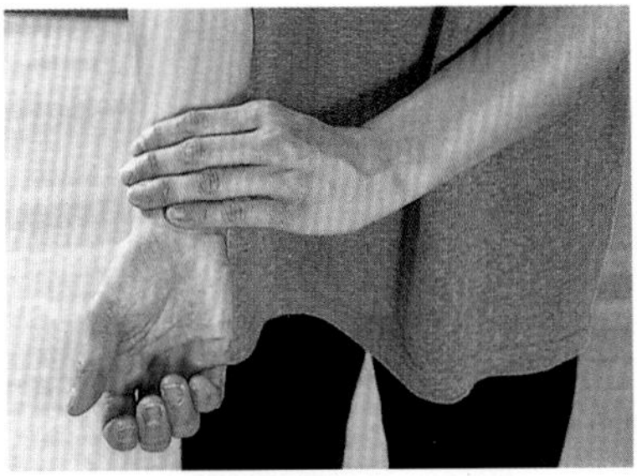

手指抵住手腕的頸動脈，也能夠測得心搏數。

每天的檢查表

月　日（　）	天氣		體重　Kg	體脂肪率　%
本日的活動度：1. 具有活動性　2. 沒有活動			本日的運動：1. 實施　2. 未實施	
本日的飲食：1. 適量　2. 太少　3. 太多 不是以量而是以熱量來考慮			時間　分	種類
備註・日記・身體狀況等			感想	

均衡飲食生活的重點

人體不可或缺的主要營養素，包括碳水化合物、蛋白質、脂肪、礦物質、維他命這五大類。如另項的表所示，每天均衡的攝取六大基礎食品群，就能夠適量的攝取到五大營養素。

五大營養素，飯、麵類及肉類等主食含有較多的碳水化合物、蛋白質、脂質，但維他命及礦物質不足。尤其經常在外用餐的人，更要注意這一點，要多點一道沙拉或煮蔬菜等。

外食菜單多半是高脂質食品，稍加不慎，體脂肪就容易積存體內。要盡量避免選擇高脂肪的菜單。

為了求取各營養素之間的平衡，最好能夠記住這幾天到底吃了些什麼，這樣就能夠加以調整。例如「昨天吃魚，那麼今天就吃肉」、「最近蔬菜吃得不夠，今天要多吃一些」，藉此求取營養的均衡。

昨天的菜單、本週吃過的東西，是否記得住呢？

另外，可以購買介紹熱量的書籍。其中會標示外食菜單和便利商店便當等每樣食品的熱量。藉此就能夠掌握自己所攝取食物的熱量。習慣之後，光是看到菜單，就會計算熱量了。

能夠掌握每天攝取的熱量，也就能夠預防肥胖，因此，要隨身攜帶記載熱量的書籍。

◆飲食記錄表

1.盡量詳細填入所吃的東西。

2.在自己所了解的範圍內，盡量詳細的填入分量。

3.如果是外食，則在分量欄中填入外食。

4.不要選擇攝取特別飲食的日子，要以日常飲食生活的日子來填寫。

※填入例

晚　餐		
料理名稱	材料名稱	份　量
飯		1碗
烤肉串		3串
生菜沙拉	高麗菜	1/8顆
	番茄	1個
	小黃瓜	1條
優格	優格	100g
	草莓	少許

早　餐		
料理名稱	材料名稱	份　量

午　餐		
料理名稱	材料名稱	份　量

晚　餐		
料理名稱	材料名稱	份　量

點心 1		
料理名稱	材料名稱	份　量

點心 2		
料理名稱	材料名稱	份　量

每天的檢查表

月　　日（　）	天氣		體重	Kg	體脂肪率　%

本日的活動度　1. 具有活動性　2. 沒有活動	本日的運動　1. 實施　2. 未實施
本日的飲食（不是以量而是以熱量來考慮）　1. 適量　2. 太少　3. 太多	時間　分　／　種類
備註．日記．身體狀況等	感想

在家中可以進行的抵抗運動4

鍛鍊背部

目標次數＝各10~20次

關於訓練效果，用肉眼可以確認的部位和不能用肉眼確認的部位會產生很大的差距。

例如，身體前面的胸及腹部是自己能夠確認的部分，所以較容易產生效果。而像背部等看不到的部分，則很難提升效果。因此，要進行鍛鍊背肌群（豎棘肌等）的訓練。

手腳同時上抬的運動非常吃力，最初可以將手腳分別上抬來進行。

A.四肢趴跪在地板上的狀態

B.拇指朝上，單手上抬，筆直伸向前方。讓手臂和身體的線條成一直線。接下來的瞬間，手臂歸位。左右手臂各進行10~20次。

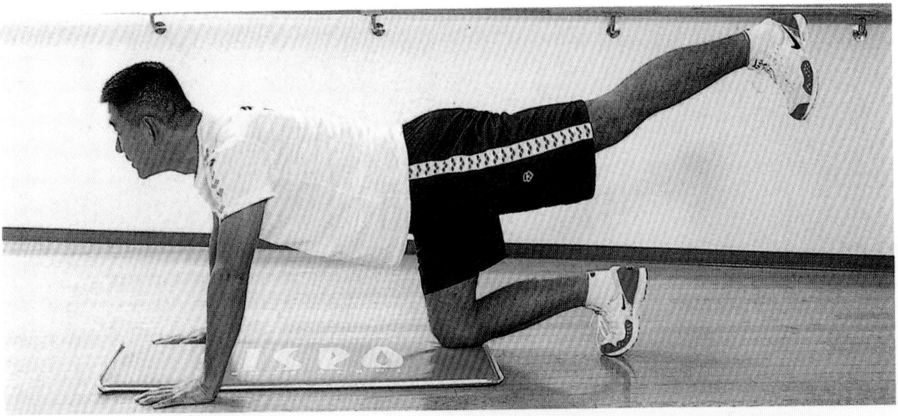

C.以四肢跪地的狀態抬起單腳。伸直膝，但是腳踝不要伸直。腳和身體的線條成一直線。其次回到四肢跪地的狀態。左右腳各進行10~20次

D.右手和左腳同時上抬，然後歸位。要意識到成一直線的線條 。不要想像手和腳上抬，要想像手和腳遠離身體，以這樣的方式來進行。結束右手和左腳的練習後，更換為左手和右腳來進行。各進行10~20次。

每天的檢查表

月　日（　）	天氣		體重　Kg	體脂肪率　%

本日的活動度 1. 具有活動性 2. 沒有活動	本日的運動 1. 實施　2. 未實施
本日的飲食 不是以量而是以熱量來考慮 1. 適量 2. 太少 3. 太多	時間　分 種類
備註・日記・身體狀況等	感想

簡單的伸展運動4

腰背部1

腰是身體重要的部分。一旦腰部僵硬，則運動姿勢不良，容易失去平衡，造成閃腰。有腰痛毛病的人，要經常進行這個運動。

原則上，進行這個伸展運動時不能夠停止呼吸，否則肌肉會緊繃，降低伸展效果。

如照片所示，雙腳倒向頭部。膝可以輕微彎曲，最好腳趾能夠觸地，但是不要利用反彈力，也不要勉強加諸力量。即使感覺呼吸稍微困難，也不要停止呼吸，要持續進行。放鬆頸部、肩膀及手臂的力量，保持輕鬆。

1. 仰躺，腳在體側彎曲成90度，以碰到膝的手將膝壓向地。重點是不可抬起雙肩。如果左右的僵硬度不同，就要對於僵硬的部分進行重點式的練習。

2. 採取相同的姿勢，腳的角度維持在90度以下。與90度時相比，伸展的部分應該在更為上方的部分。相反的，在90度以上時，則伸展的部分在腰背部等下方的部分。要左右交互進行照片中所介紹的三種形態。

每天的檢查表

月　日（　）	天氣		體重	Kg	體脂肪率　%
本日的活動度 1. 具有活動性 2. 沒有活動			本日的運動 1. 實施 2. 未實施		
本日的飲食 不是以量而是以熱量來考慮 1. 適量 2. 太少 3. 太多			時間　分	種類	
備註．日記．身體狀況等			感想		

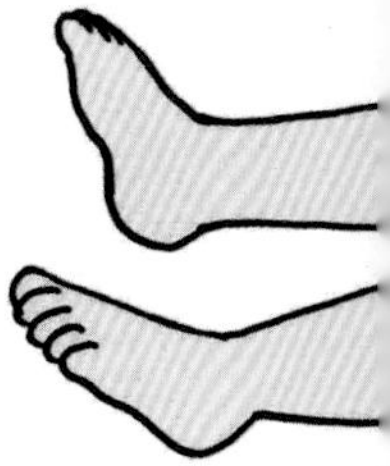

簡單計算消耗熱量的方法

你所進行的訓練或日常生活中的活動，到底消耗掉多少熱量，這是很多人都在意的問題。

計算運動消耗熱量的方法很多種。目前最常被使用的方法就是「METS」。

這是表示運動等所消耗的熱量為安靜時熱量消耗量的幾倍。1METS＝1大卡／體重（公斤）／時間（小時）。左頁的表是表示各運動及日常生活中活動的METS值。數字是表示各自運動或活動的強度。

基於METS值的熱量消耗量的計算公式如下。將一天所進行的活動的熱量消耗量各自計算後合計，就可以求得當天消耗的熱量。

使用METS值，就可以藉著簡單的計算知道熱量消耗量，有助於減肥或控制飲食。

●利用METS的熱量消耗量的計算

熱量消耗量（大卡）＝METS值（參考表）×體重（公斤）×運動時間（小時）

＊體重72公斤的人以時速8公里的速度慢跑40分鐘，則7×72×40／60≒336，所以熱量消耗量約為336大卡。

◆各運動的METS值

走路（時速 4 公里）	3	打羽毛球	4~9
走路（時速 6 公里）	5	打保齡球	2~4
慢跑（時速 8 公里）	7	划船	3~8
慢跑（時速10公里）	11	跳舞（交際舞、土風舞）	3~7
慢跑（時速12公里）	12.5	釣魚	2~6
騎自行車（時速16公里）	5~6	遠足	4~7
游泳	4~8	登山	5~10
打高爾夫球（利用電動車）	2~3	潛水	5~10
打高爾夫球（扛著球袋）	4~7	溜冰	5~8
打網球	4~9	滑雪	5~12
踢足球	5~12	打壘球	3~6
打排球	3~6	打桌球	3~5
打籃球	3~12		

◆日常生活中的METS值

坐姿（安靜）	1.2	園藝工作（除草等）	3.1~4.2
站姿（安靜）	1.1 ~1.5	打掃、調理蔬菜	1.6~2.0
吃飯、說話	1.5~2.0	調理肉類、洗碗	2.1~3.0
洗手、洗臉、刷牙	1.5~2.0	清洗餐具、燙衣服	2.1~3.0
淋浴	3.7~4.4	購物（輕的物品）、吸塵器	3.1~4.1
編織、縫紉、聽音樂	1.5~2.0	購物（重的物品）、地板打蠟	4.2~5.3
玩紙牌、看電視	1.5~2.0	下樓梯	4.0~5.0
從事事務性工作	1.5~1.9	上樓梯	6.0~8.0
打電腦、打字作業	1.5~2.0	性行為	4.0~6.0
開車（塞車時除外）	1.5~3.6		

每天的檢查表

月　　日（　　）　天氣　　體重　　Kg　體脂肪率　　%

本日的活動度
1. 具有活動性
2. 沒有活動

本日的飲食
不是以量而是以熱量來考慮
1. 適量
2. 太少
3. 太多

備註・日記・身體狀況等

本日的運動
1. 實施　2. 未實施
時間　　分
種類
感想

慢跑是最佳的有氧運動

慢跑不僅是有氧運動，同時也發揮強化心肺功能的威力。

慢跑是代表性的有氧運動。不但能夠給予全身肌肉刺激，同時強化心肺功能。甚至超越有氧運動的範圍，是腳和腰部的訓練不可或缺的項目。

問題是膝和腳踝。只要經常保持正確姿勢，避免運動過度，就能夠避免這些部位受傷。很多罹患運動傷害的人，似乎都沒有注意到這些問題。

基本上，姿勢和走路相同，不可落腰，身體的重心自然的置於前面，以這種方式來跑。身體不可朝左右搖晃，避免上身失去平衡。保持背部抬高的狀態持續跑，就能夠減少上半身的搖晃。此外，從腳跟先著地，用腳趾輕柔的將地面送回後方。手臂筆直，自然擺盪。

必須注意的是，一旦腳趾和膝的方向挪移，就會拉扯肌肉，造成肌肉拉傷，損傷腳踝。而且，如果經常以落腰的方式來跑的話，會拱起背部，使得膝受傷。

為了預防運動傷害，選擇合腳的慢跑鞋也是一大重點。

不要貪便宜而任意的購買，最好基於使用目的和運動頻率，接受專賣店店員良心的建議，仔細試穿之後再購買。有的店家甚至備有如健身房中的跑步機，讓顧客穿著新鞋試跑看看。

打算今後加入慢跑行列的人，最好選擇底較厚、富

開始之前要做暖身運動。結束之後也要認真的做整理運動。

於緩衝性的鞋子，不過穿上之後具有穩定感才是先決條件。太鬆的話，腳會朝左右滑動，反而會造成問題。

通常，道路為了排水良好，路面的中央部分稍微隆起，結果，跑在路邊的跑者的身體經常都是處於傾斜狀態，造成微妙的傾斜差，這樣也會產生弊端。

為避免持續對於相同的部分造成負擔，必須經常更換跑步的路線。

用正確的姿勢跑步，就能夠在事前預防腳踝或膝的損傷。

每天的檢查表

月　日（　）	天氣		體重　Kg	體脂肪率　%
本日的活動度：1. 具有活動性　2. 沒有活動			本日的運動：1. 實施　2. 未實施	
本日的飲食：1. 適量　2. 太少　3. 太多 不是以量而是以熱量來考慮			時間　分	種類
備註・日記・身體狀況等			感想	

●本週的結果和下週的目標

		一	二	三	四	五	六	日	
活動度		1 2	1 2	1 2	1 2	1 2	1 2	1 2	點
飲食		1 2 3	1 2 3	1 2 3	1 2 3	1 2 3	1 2 3	1 2 3	點
運動		1 2	1 2	1 2	1 2	1 2	1 2	1 2	點
計									點
圖表	3								次
	4								次
	5								次
	6								次
	7								次
		一	二	三	四	五	六	日	

◆為了達成本週的目標而進行的事情

◆本週的問題點

◆下週的行動目標

第7章

記住補充水分的方法，享受登山漫步之樂

進行會流汗的訓練時一定要補充水分。要了解有效攝取水分的方式，同時趁著訓練空檔的休假日登山漫步。

在訓練時要補充水分

人體內的水量，成人男性為六十二%，成人女性為五十六%。主要作用是維持細胞功能，同時搬運各種營養素、氧等老廢物，調節體溫。

通常，我們經由飲食等補充水分，確保適量。但是進行訓練時，因為流汗而流失掉大量的水分，使得體內的水分稍嫌不足。尤其在氣溫或濕度較高的日子進行訓練，會大量出汗，一小時內可能流失二公升的汗水。人一天所攝取的水量約為一．五公升，因此，依進行訓練的環境的不同，有時會在一小時內流失掉大量的水分。

當人體喪失水分時，身體會出現異常。在氣溫和濕度較高的狀態下運動時，更容易出現異常。在高溫的影響下，體溫調節功能或出汗功能引起障礙，這種情況就稱為中暑。

中暑是因為持續出現脫水症狀而引起的。特徵就是不會出汗。汗具有使得因為運動而上升的體溫下降的作用。一旦不流汗，身體就會過熱，甚至體溫超過四十度以上，這時，會引起頭痛、頭暈等症狀。嚴重時，可能會陷入昏睡狀態，有致命之慮。

當體內的水分減少到體重的二%以下時，就會引起中暑。只要流失七～十%的水分，就會出現嘔吐或幻覺症狀，有生命的危險。事實上，在訓練時，因為中暑而致命的例子時有所聞。有很多兒童的死亡例，這是因為兒童的體溫調節功能不像大人那麼發達所致。

為避免中暑，必須要穿著透氣性良好的運動服來進行訓練。訓練之前要攝取水分，而在訓練途中也要經常的補充水分。在感覺口渴之前，就要趕緊補充水分。

像慢跑或走路等長時間進行有氧運動時，會大量流失水分，宜充分補給。

進入體內的水分，不會在胃內被吸收，幾乎都是由腸吸收。因此，在訓練時，要攝取能夠迅速通過胃而到達腸的飲料。

根據實驗結果顯示，水分的醣類濃度越高，停留在胃內的時間就越長。因此，若不考慮補充熱量而只是以補充水分為目的，那麼，最好避免攝取運動飲料，只要喝普通的開水即可。

穿著透氣性良好的運動服

比賽時也要補充水分

水比運動飲料更好

每天的檢查表

月　日（　）	天氣		體重	Kg	體脂肪率　%
本日的活動度	1. 具有活動性 2. 沒有活動		本日的運動	1. 實施　2. 未實施	
本日的飲食 不是以量而是以熱量來考慮	1. 適量 2. 太少 3. 太多		時間　分	種類	
備註・日記・身體狀況等			感想		

運動頻率一週幾次呢？

每天都要進行走路或伸展運動

運動頻率一週一次，效果不彰。但是只要運動，就會產生充實感和爽快感，藉此得以紓解壓力。

想要創造健康，那麼，每天持續做運動是最好的一。

但是，這種說法也並不完全正確。當然，有氧運動中的走路或水中漫步每天都可以進行，因此，建議各位做這一類的運動。不過，像慢跑或騎自行車，則除了暖身運動之外，一週最好休息一到二次。

每天持續做伸展運動，不但不會運動過度，反而會提高身體的柔軟性。

問題在於抵抗運動。而這和有氧運動系列的運動不同，最好不要每天進行強度較強的訓練。

原因在於肌肉生長的構造。抵抗運動是藉著重量來產生負荷，會使得肌纖維受損。而在修復時，會導致纖維變得更粗、更強。這種肌肉的修復，稱為超復原。但是，為了得到超復原，需要休養和營養。因此，如果每天進行，就無法得到超復原的機會。這就是不能夠每天進行的理由。

那麼，是否最好讓肌肉休息幾天後再進行抵抗運動比較妥當呢？事實上，超復原的時候正是訓練的絕佳時機。脫離這個時機，訓練效果較差。

超復原應該是在運動後

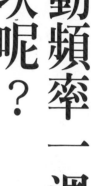

進行抵抗運動時要交互取得運動和休養

要花二十四到七十二小時的時間來進行，但因肌肉的種類或個人差而有不同，不能夠一概而論。基本上，如果進行較強度的訓練，則要間隔一天來進行，以這種標準來進行訓練即可。持續這樣的訓練課程，如果仍然感覺疲勞堆積，那麼，就要間隔二天來進行訓練。

超復原所需要的休養和營養，也是有氧運動的必須條件。肌肉是在睡眠中製造出來的，因此，要擁有足夠的睡眠時間，而且也要補充肌肉的營養來源。

一邊睡眠一邊創造健康的身體。運動、休養及營養是訓練的三要素，要重新認識到這一點，朝向健康生活邁進。

每天的檢查表

月　日（　）	天氣		體重	Kg	體脂肪率　%
本日的活動度	1. 具有活動性 2. 沒有活動		本日的運動	1. 實施　2. 未實施	
本日的飲食 不是以量而是以熱量來考慮	1. 適量 2. 太少 3. 太多		時間　分	種類	
備註・日記・身體狀況等			感想		

在和平常不同的環境中充分體驗有氧運動

走路是有效的有氧運動

就像飲食一樣，如果每天菜單一成不變，就很容易吃膩。基本上，訓練也是相同的，為了擊退倦怠感，應該要稍微力圖振作。就好像前往一流餐廳一樣，偶爾也要遠征到不同的環境。

以日本關東為例，可以前往富士五湖附近。在五個湖的周邊設置了周遊道路，每一周的距離都不同。而且不論是走路、慢跑、騎自行車等，可以進行各種有氧運動。也可以向自己的實力挑戰一番。

初學者可以選擇最小的西湖附近，五個湖全都各繞一周，大約是一百公里。這是自行車或鐵人大賽的選手們訓練時所使用的路線。想要成為這些運動的好手，也可以將其當成一種刺激來練習。

日本長野縣的霧峰高原也是值得推薦的訓練地點。這裡的標高較高，以前就是馬拉松好手當成高地訓練的場所。雖然絕對不要勉強，但是，仍然希望各位前去造訪。

到處都有適合進行有氧運動的名勝觀光地，可以搭配旅行前往參觀。一邊欣賞風景，同時享受季節交替的變化之樂。訓練後，泡個溫泉放鬆一下也不錯。

當然，在進行戶外運動的訓練時，不要忘記補充水分。要準備保特瓶等裝水的容器，同時，也要隨身攜帶

改變訓練的環境，能夠以嶄新的心情湧現活力

緊急時用來連絡的行動電話及硬幣。

一旦湧現自信後，就可以參加市民大賽。不只是全程馬拉松，半程或十公里的馬拉松賽程幾乎每天都有。同時，也有縮短距離的鐵人大賽等，而且參加人口陸續增加。可參考雜誌上的賽程簡介。

不要氣餒，即使沒有締造佳績也無妨。參加比賽能夠充實身心，磨練平常的訓練，同時擴展人際關係。

享受季節交替變化之樂

每天的檢查表

月　日（　）	天氣		體重	Kg	體脂肪率　%
本日的活動度	1. 具有活動性 2. 沒有活動		本日的運動	1. 實施　2. 未實施	
本日的飲食 不是以量而是以熱量來考慮	1. 適量 2. 太少 3. 太多		時間　分	種類	
備註・日記・身體狀況等			感想		

藉著環山漫步快樂的完成有氧運動

每週和家人漫步於高原之中也是很棒的訓練。

不喜歡運動的人，很難長時間進行有氧運動。原因就是感覺不快樂。默默的在運動場跑幾圈、在公共游泳池中來回的進行水中漫步或游泳，已經沒有新鮮感了。

這時不妨嘗試環山漫步的方式。能夠親近大自然，漫步在山野中，觀賞四季變化的景色。當然，與都市相比，空氣也比較清新。既然是環山漫步，當然就和一般的慢跑、走路、有氧舞蹈等有氧運動不同，可以進行較難設定的長時間運動。配合體力和經驗，自由的設定三小時、五小時、八小時的路線。同時，因為環山漫步需要隨身揹著背包，所以，和一般的步行相比，會增加負荷，藉此就能夠提升足腰的肌力。

最初進行環山漫步時，很多人會擔心裝備或技術上的問題。但是，最近掀起中高年齡層環山漫步的旋風，所以有關初學者的路線，會設定任何人都能夠前往的路標，而且道路是相當完整的行人步道。在車站也會供應介紹遠足路線的小冊子。而很多書店也提供了這方面的指南，即使沒有地圖，也能夠安心的前往。

得到資訊後，準備好背包，裝入便當、水、雨具後就可以出發了。

最初要抱著悠閒的心態前往。平常不運動的人，如果以較快的速度走路，很快

吸收林間新鮮的氧能夠提高有氧運動效果。

休息時彼此閒話家常也是一大樂事。

的就會氣喘如牛。應該也要欣賞周遭盎然的綠意，聽一聽潺潺的流水聲、婉轉的鳥鳴聲，享受美好的大自然。

一小時休息十分鐘。流汗之後要充分補給水分。一旦水分不足，就容易造成疲憊。在休息時，要吃點糖果或巧克力。因為糖分能夠立刻轉換成熱量，成為步行的活力。

疲累時，就要停下來休息，享用美味的便當。一邊眺望山頂欣賞美景，同時在草原上打個盹，讓自己完全得到放鬆。環山漫步途中，佇足欣賞優美的風景，這也是一大樂事。

休息一個小時後再開始行動。沈浸於大自然中，走完一天後，有氧運動量絕不輸給全程馬拉松。身心充滿活力。對身心而言，環山漫步是很好的有氧運動。

每天的檢查表

月　日（　）	天氣		體重 Kg	體脂肪率 %
本日的活動度：1. 具有活動性　2. 沒有活動			本日的運動：1. 實施　2. 未實施	
本日的飲食（不是以量而是以熱量來考慮）：1. 適量　2. 太少　3. 太多			時間　分	種類
備註・日記・身體狀況等			感想	

■第7週★★

在家中可以進行的抵抗運動5

利用橡皮管鍛鍊胸部擴胸

目標次數＝各10～20次

以鍛鍊胸部肌肉（胸大肌）為主，鍛鍊肩膀（三角肌）和手臂（肱三頭肌）的肌肉。其效果和伏地挺身相同，但是使用橡皮管時，負荷較輕。無法進行伏地挺身的人，不妨進行這個訓練。

如果負荷太輕，可以增加用手繞橡皮管的次數來進行。在拉扯或還原橡皮管時要慢慢的進行。拉的時候為二秒，還原時為四秒。

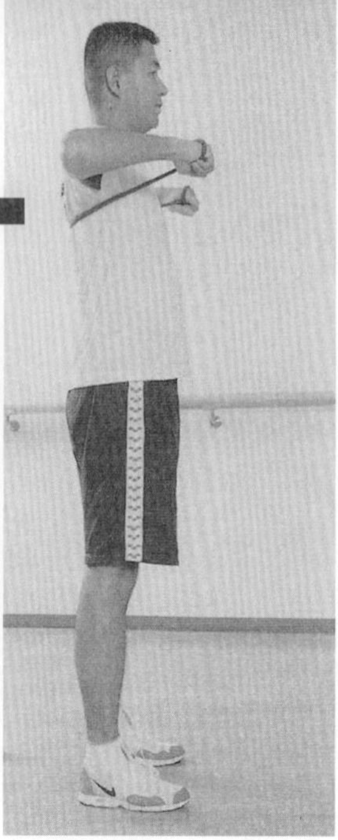

A. 橡皮管繞到背後，用雙手拉著。腋下張開成90度。

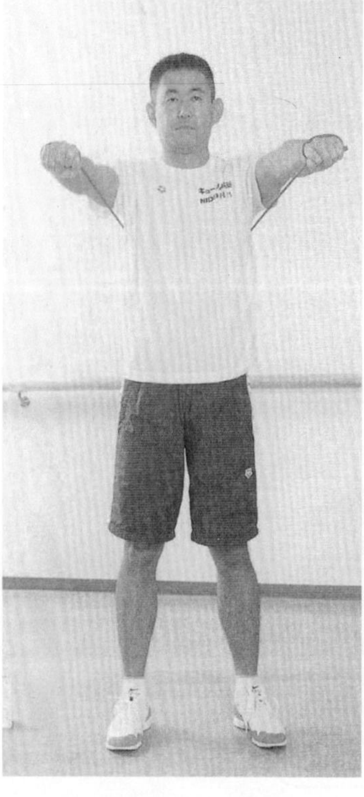

C. 筆直站立，雙腳張開如肩寬

隨時隨地都可以進行
利用橡皮管能夠提升效率。

活用橡皮管能夠進行有效的抵抗運動。可以隨身攜帶，隨時隨地進行訓練。當然在家中也可以邊看電視邊進行。

此外，負荷的調節也很簡單。想要增加負荷時，就縮短拿橡皮管的長度；想要降低負荷時，就延長拿橡皮管的長度。因為能夠給予極弱的負荷，所以，沒有體力的人或女性也可以進行這種運動。只要改變拿橡皮管的長度，就能夠對負荷進行微調。

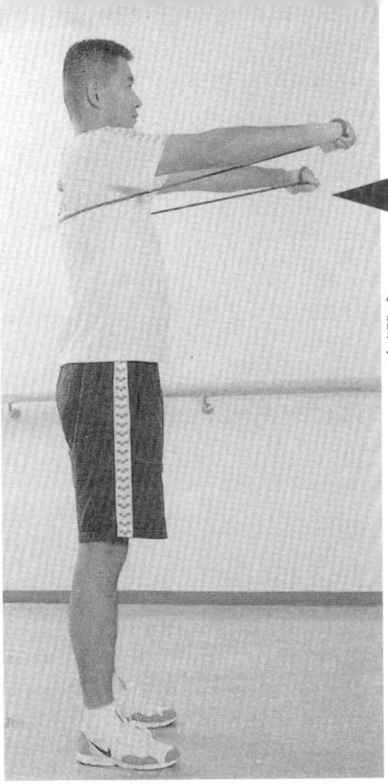

B. 手臂直接伸向前然後歸位。反覆進行這個動作。

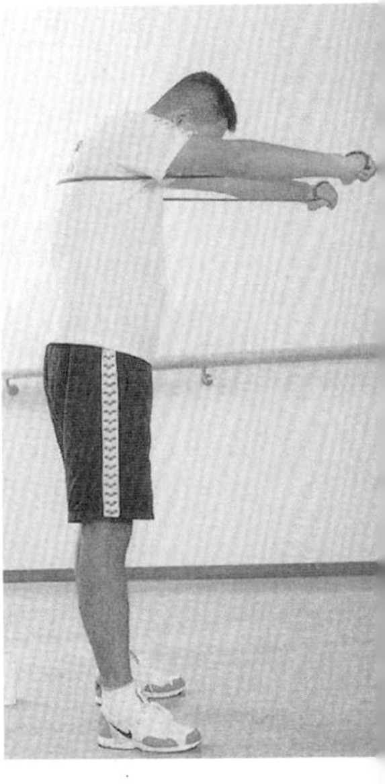

D. 不良例。拱起背部則無法鍛鍊胸部的肌肉。務必要挺胸來進行。

每天的檢查表

月　日（　）	天氣		體重	Kg	體脂肪率　%

本日的活動度　1. 具有活動性　2. 沒有活動	本日的運動　1. 實施　2. 未實施
本日的飲食（不是以量而是以熱量來考慮）　1. 適量　2. 太少　3. 太多	時間　分　種類
備註・日記・身體狀況等	感想

第7週★★★★★★★★★★★★★★★★★★★★★★★★★★★★★★★★★★★★★★

簡單的伸展運動5

腰背部2

腰背部代表性的伸展運動就是這個。不論是誰可能都曾經做過。扭轉身體，腳交叉，將翹起的腳另一側的手臂置於膝外，在上身朝外打開的同時，避免用手肘按住膝蓋。

在此繼第六章之後來進行腰部的伸展運動。如果配合上一次的內容來進行更具效果。這一次是介紹利用在辦公室或學校的椅子和牆壁就能夠進行的簡單方法。有空時就可以輕鬆的進行。一天進行幾次的伸展運動都可以。為了減輕工作或課業的疲勞，也可以將其納入日常生活中。

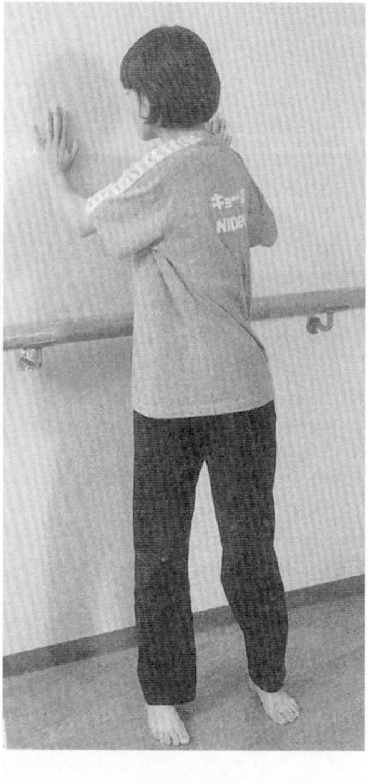

雙腳張開如肩寬，背對牆壁站立，手貼於牆壁扭轉上身，雙腳固定，不可移動。左右較難扭轉的程度會有微妙的差距。活動不良的部分要多練習幾次，取得身體的平衡。只要看到牆壁，就可以馬上進行，是非常簡單的伸展運動。

只要坐在椅子上扭轉腰部，
就可以輕鬆的進行伸展運動

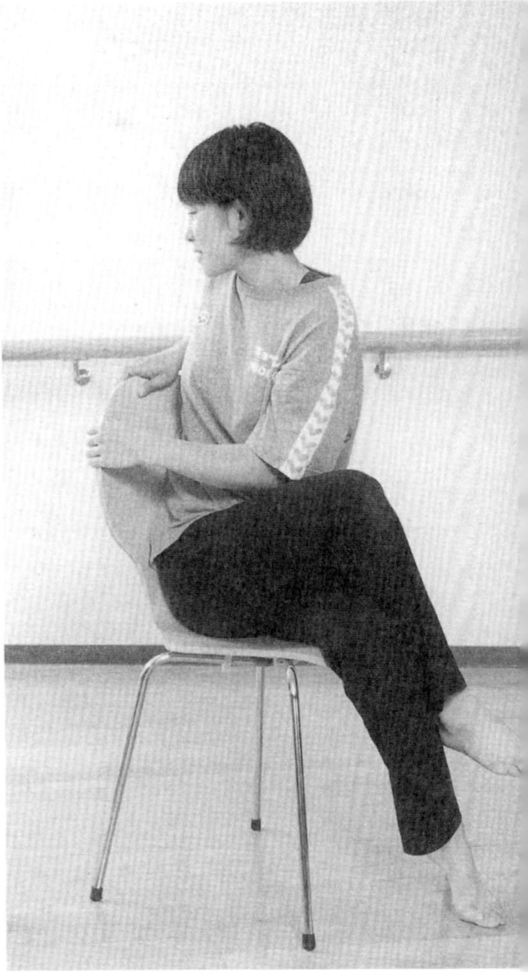

腳交叉坐在椅子上，右腳在上就朝右側、左腳在上就朝左側扭轉上身。臉朝向背後，和本頁最初的伸展運動是共通的作法。趁著工作空檔就可以進行，是相當簡單的方法。

每天的檢查表

月　日（　）	天氣		體重	Kg	體脂肪率　%
本日的活動度 1. 具有活動性 2. 沒有活動			本日的運動 1. 實施　2. 未實施		
本日的飲食 不是以量而是以熱量來考慮 1. 適量 2. 太少 3. 太多			時間　分	種類	
備註·日記·身體狀況等			感想		

●本週的結果和下週的目標

		一	二	三	四	五	六	日	
活動度		1 2	1 2	1 2	1 2	1 2	1 2	1 2	點
飲食		1 2 3	1 2 3	1 2 3	1 2 3	1 2 3	1 2 3	1 2 3	點
運動		1 2	1 2	1 2	1 2	1 2	1 2	1 2	點
計									點
圖表	3								次
	4								次
	5								次
	6								次
	7								次
		一	二	三	四	五	六	日	

◆為了達成本週的目標而進行的事情

◆本週的問題點

◆下週的行動目標

第8章

讓橡皮管和平衡球加入水中漫步

和抵抗運動或伸展運動稍有不同的訓練，就是抵抗水的阻力來活動身體的水中漫步。活用附近的公共游泳池就能展現效果。

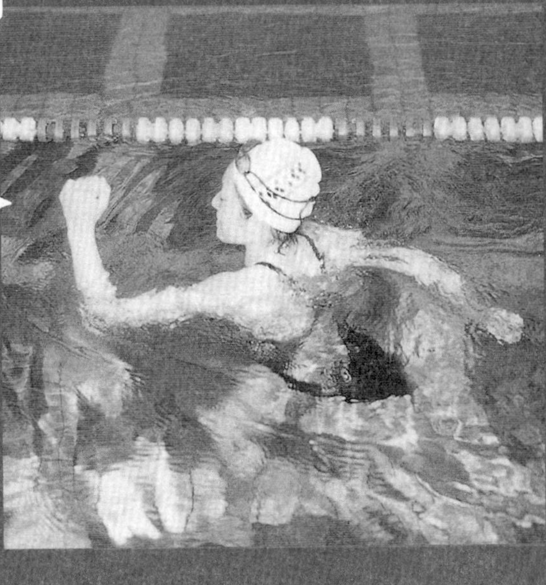

醣類是活動身體最有效的熱量來源

穀類、麵類、薯類、水果、砂糖中含量較多的碳水化合物（醣類），主要是成為活動身體的熱量來源的營養素。

攝取到體內的碳水化合物分解為葡萄糖，葡萄糖燃燒之後就能夠讓身體活動。

人類在運動時，最初是以體內的碳水化合物為主要的熱量來源。碳水化合物逐漸減少之後，再以脂肪當成熱量來源。碳水化合物的熱量一克為四大卡，脂肪一克為八大卡。想要減肥的人實行有氧運動比較有效，就是因為藉著長時間的運動，使得附著於身體的脂肪成為熱量來源燃燒掉的緣故。

碳水化合物先成為熱量消耗掉，如果，還有未用完的部分，則會成為脂肪蓄積在體內。因為「不想發胖」而避免攝取脂肪，但是卻又攝取大量的碳水化合物，結果還是會導致體脂肪增加。就寢前，不要攝取太多的碳水化合物，因為這些熱量無法被消耗掉而會變成體脂肪。

相反的，缺乏碳水化合物時也無法發揮力量，注意力散漫，欠缺爆發力，可能會連續出錯。運動前必須要

缺乏碳水化合物

●碳水化合物含量較多的食品●●●●●

- **穀物類**　米、麥、糯米、麵類、玉米片
- **藷　類**　馬鈴薯、甘藷、芋頭
- **水果類**　橘子、草莓、哈蜜瓜
- **深色蔬菜**　南瓜、玉米
- **淡色蔬菜**　牛蒡、大蒜、蓮藕、薤
- **其　他**　砂糖、牛奶、竹輪（攪碎後抹在竹籤上烤成圓筒狀的魚肉）、魚肉山芋丸子、蜂蜜等

適量的攝取碳水化合物。

人類的腦主要是以碳水化合物為主要的熱量來源，無法用脂質、蛋白質等其他的營養素來代替。因此，如果碳水化合物缺乏，則腦部的功能會變得遲鈍，無法立刻做出判斷或了解對方的動向。

所以，一天三餐要好好的攝取碳水化合物。當然，攝取太多也會成為脂肪，因此，要考慮到用餐時間和其他食品之間的平衡問題。當成主食的飯或麵、麵包、通心粉等，稱為「複合碳水化合物」，藉此可以同時攝取到維他命、礦物質等。

每天的檢查表

月　日（　）	天氣	體重　Kg	體脂肪率　%
本日的活動度　1. 具有活動性　2. 沒有活動		本日的運動　1. 實施　2. 未實施	
本日的飲食　1. 適量　2. 太少　3. 太多 不是以量而是以熱量來考慮		時間　·　分	種類
備註・日記・身體狀況等		感想	

負荷較少的理想有氧運動1

水中漫步1

不是游泳，而是在水中走路─。現在，水中漫步這種運動備受注目。在水中和陸地上不同，因為有水的阻力，所以，能夠使用全身有效的進行有氧運動。此外，身體不會遇到強烈的撞擊，因此，不必擔心受傷的問題，可以說是非常理想的有氧運動，要積極的向這個運動挑戰。一般公共游泳池門票便宜，可多加利用。在水中，因為浮力的緣故而很難取得平衡。腹部用力，拉大步幅，與在陸地上相比，更能夠抬高大腿步行。

因為體貼身體而嶄露頭角的水中漫步，只要進入水中，肩膀以下泡在水中來走路（照片上），就能夠成為有效的運動。

向前走

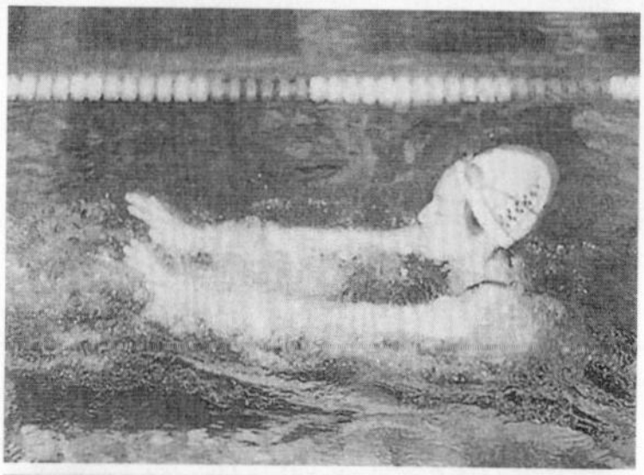

1. 用手推水往前走，好像濺起水花似的，用力推水。

2. 盡量快走。最初可以慢慢走，但是要逐漸加快速度。

3. 好像要推開水的阻力一般，腹肌用力往前進。盡量抬高大腿來走路

倒退走　用手將水撥向前方，身體朝後方移動。

側走　雙手張開在前方交叉，同時在水中朝側面移動。

交互碰觸走1　右膝碰左手肘，再左膝碰右手肘，以這種方式在水中漫步。

交互碰觸走2　在水中抬腳，用相反側的手碰觸腳趾。

交叉走

1. 雙手朝左右擺盪，大幅度撥水前進。
2. 手掌經常朝推水的方向。

每天的檢查表

月　日（　）	天氣		體重　Kg	體脂肪率　%

本日的活動度　1. 具有活動性　2. 沒有活動	本日的運動　1. 實施　2. 未實施
本日的飲食　不是以量而是以熱量來考慮　1. 適量　2. 太少　3. 太多	時間　分　種類
備註・日記・身體狀況等	感想

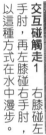

在家中可以進行的抵抗運動6

利用橡皮管鍛鍊背部

划船
目標次數＝10～20次

拉扯鉤在腳底的橡皮管，然後歸位，藉此鍛鍊背部（背闊肌）肌肉。以好像用槳划船似的要領來運動。不是用手臂的力量拉扯橡皮管，而是感覺好像背部左右的肩胛骨黏在一起似的挺胸來拉扯。

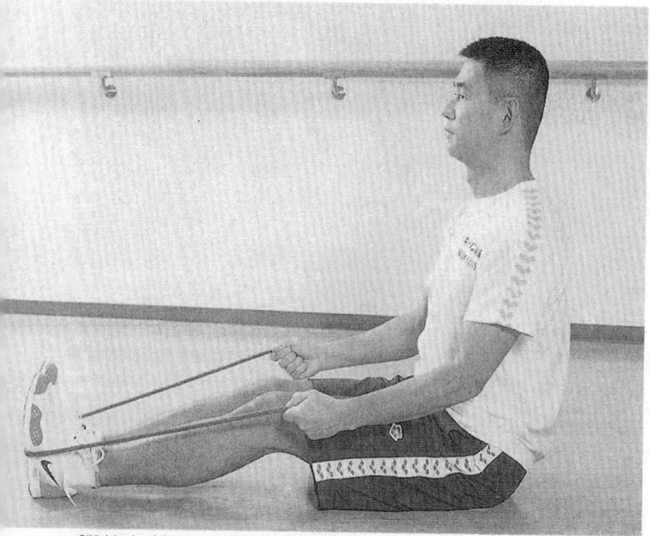

A.腳伸向前方，兩膝輕微彎曲坐在地上，以兩腳腳底鉤住橡皮管，貼緊腋下，輕微彎曲手肘。想要給予較強的負荷時，可以將橡皮管拿短一些。

B.挺胸，將橡皮管慢慢的拉向後方。好像要讓雙側手肘在背後貼合似的來進行。一直拉到手臂停止處，然後再慢慢的歸位。

C.依腋下併攏角度的不同，能夠加以鍛鍊的部位也不同。腋下併攏時，可以鍛鍊背部下方，腋下張開時，則可以鍛鍊背部上方的肌肉。

D.拉扯時，如果上身往後倒，則效果會減半，故要挺起上身來進行。

每天的檢查表

月　日（　）	天氣	體重　Kg	體脂肪率　%
本日的活動度 1. 具有活動性 2. 沒有活動		本日的運動 1. 實施　2. 未實施	
本日的飲食 不是以量而是以熱量來考慮 1. 適量 2. 太少 3. 太多		時間　分	種類
備註・日記・身體狀況等		感想	

簡單的伸展運動6

肩膀與頸部

兩肩保持水平，將往前伸直的手臂用相反側的手臂內側擋住後帶到面前。此外，帶動手臂時，避免肩膀朝前後左右移動

肩膀是能夠自由活動的關節。但是，卻必須依賴一些複雜的肌肉連續動作才能夠發揮作用，因此，這也是在運動時容易受傷的部分。肩膀肌肉僵硬時，則在打球時容易擲出長球，而且在打網球的發球動作中也會引起弊端。無論是棒球或網球的職業選手，很多人到最後都是因為肩膀的問題而被迫退休。因此，平常在比賽時做暖身運動和整理運動之際，尤其要注意這個部分的伸展運動。

此外，也要做頸部的伸展運動。在此介紹能夠同時伸展肩膀和頸部的動作。

這一頁所介紹的伸展運動，隨時隨地都可以進行。最好利用休息空檔養成做這些運動的習慣。

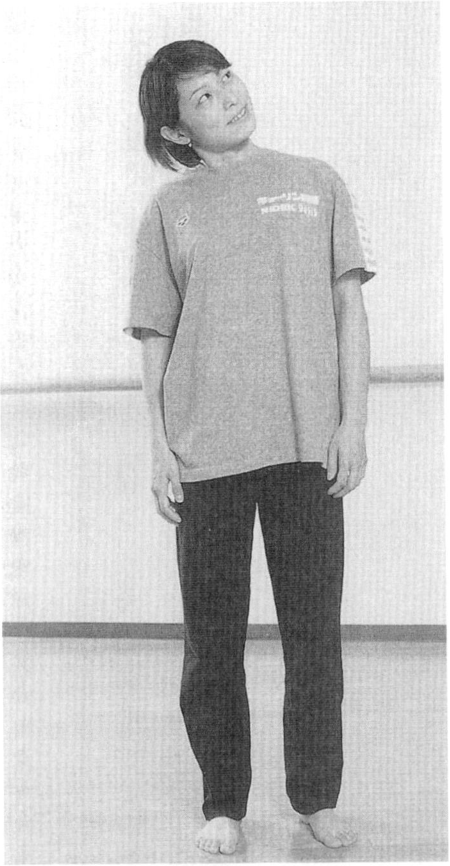

簡單的頸部伸展運動。頸部和肩膀肌肉具有連動性，因此，只要提高頸部的柔軟性，就能夠使肩膀也變得柔軟。頭部倒向肩膀，感覺好像耳朵要碰到肩膀似的。重點是兩肩要隨時保持水平。

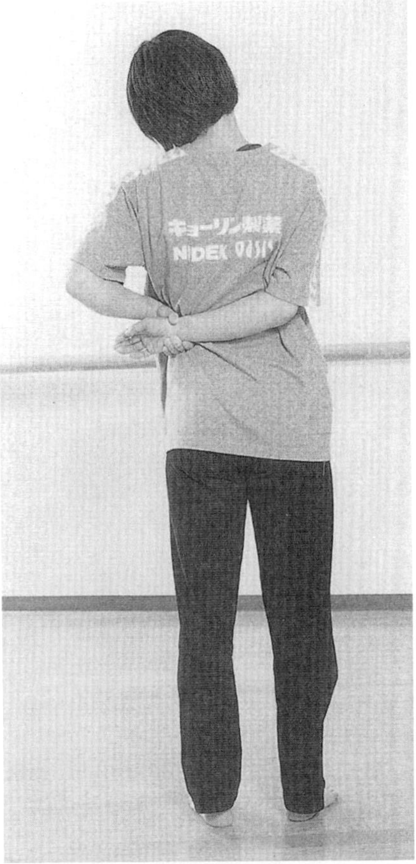

進行肩膀和頸部的伸展運動。手臂繞到背後，用另外一隻手抓住手腕並且做拉的動作。這時，如果頸部也朝拉的方向，則可以同時伸展肩膀與頸部周圍的肌肉。

每天的檢查表

月　　日（　　）	天氣		體重	Kg	體脂肪率　　%
本日的活動度 1. 具有活動性 2. 沒有活動			本日的運動 1. 實施 2. 未實施		
本日的飲食 不是以量而是以熱量來考慮 1. 適量 2. 太少 3. 太多			時間　　分	種類	
備註・日記・身體狀況等			感想		

利用平衡球的運動3

軀幹訓練

調整全身平衡的運動，富於變化。熟悉高度之後，就能夠提高調整效果。

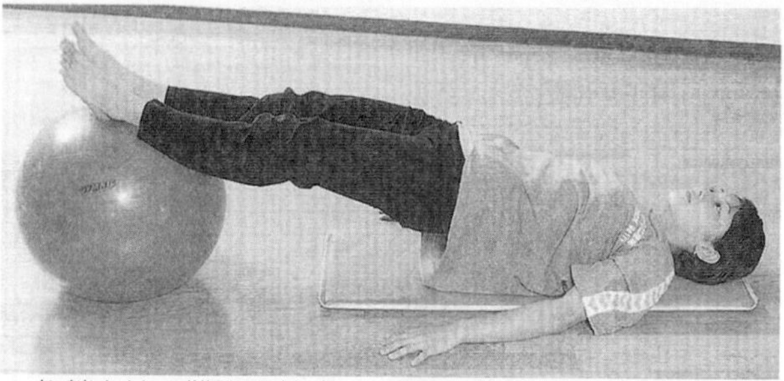

A. 仰躺在地，雙腳置於球上。臀部上抬，從腳跟到肩膀成一直線。手貼地。避免臀部朝下碰到地面。

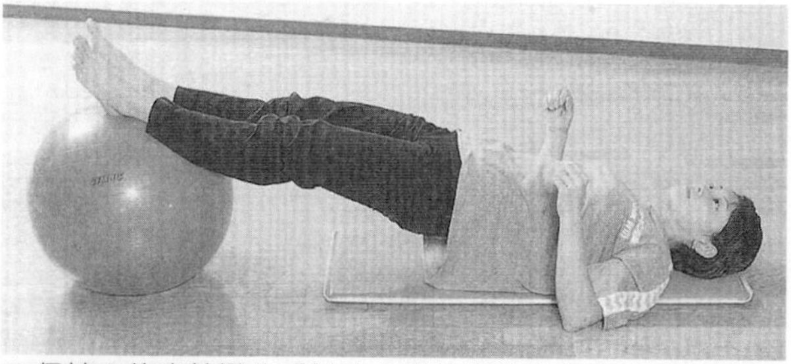

B. 保持A的姿勢彎曲手肘時，就能夠減少身體的著地面積，變得更不穩定。

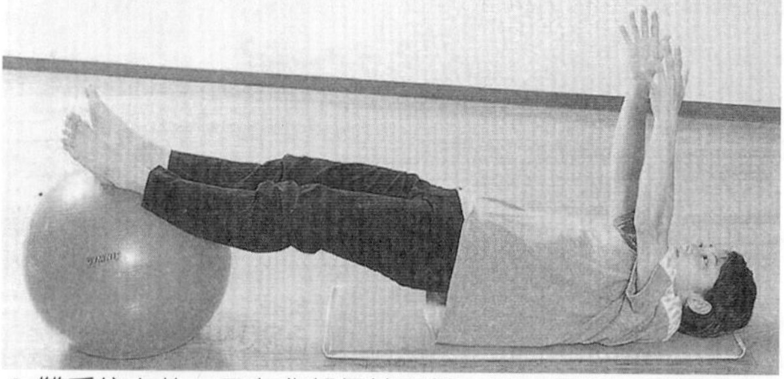

C. 雙手往上伸，只有背部保持平衡。稍一鬆懈，臀部就會下降，因此要經常上抬。

D. 保持A的姿勢單腳慢慢的上抬10公分，靜止20～30秒之後，換腳進行相同的動作

E.腹部趴在置於地面的球上，只用腳趾的力量支撐身體。可以張開腳，但是手不可碰地。

F.在俯臥狀態下，雙腳足脛的部分置於球上。就好像是進行伏地挺身的姿勢一般。

G.可以改變球的位置或只讓單腳置於球上，也可以扭轉腳，讓運動富於變化。

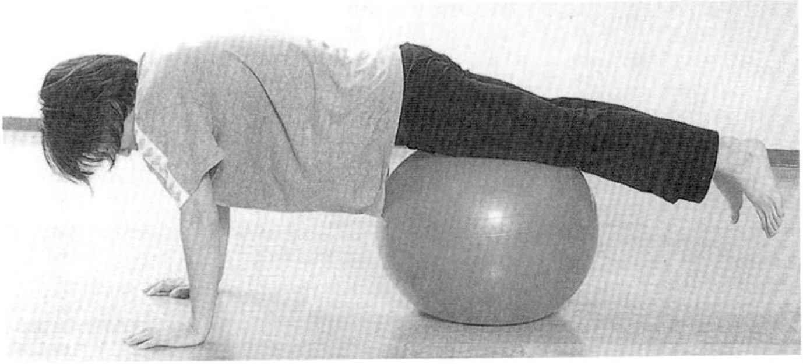

每天的檢查表

月　日（　）	天氣		體重	Kg	體脂肪率　%

本日的活動度　1. 具有活動性　2. 沒有活動	本日的運動　1. 實施　2. 未實施
本日的飲食　不是以量而是以熱量來考慮　1. 適量　2. 太少　3. 太多	時間　分　種類
備註・日記・身體狀況等	感想

■第8週★★★★★★★★★★★★★★★★★★★★★★★★★★★★★★★★★★★★★★

利用按摩消除肌肉疲勞

用手掌輕柔的按摩肌肉，能夠有效的消除肌肉痛，去除疲勞。

相信大家都曾經有過運動後肌肉痛的經驗。原因當然是運動過度。但是，如果運動之後怠忽了整理運動，則第二天也會殘留痛感。這時，可以藉著按摩放鬆僵硬的肌肉。

按摩除了能夠緩和肌肉痛之外，同時也能夠去除疲勞物質，使肌肉得到放鬆。職業選手在比賽後，會由專業人員進行按摩，藉此維持第二天的戰鬥力。非專業人士的我們也要加以學習，藉著自己按摩，避免讓疲勞殘留到第二天。

疲勞肌肉中積存乳酸，肌肉本身會因此而硬化。一旦硬化時，肌肉的血液和淋巴液的流動就會停滯，陷入復原較遲的惡性循環中。最好利用手掌摩擦肌肉，促進血液和淋巴液的流通。

基本上是朝心臟的方向進行按摩。從身體的末端將疲勞物質送往心臟，以這種感覺來摩擦。

不是用力摩擦，而是以好像滑過肌膚似的感覺仔細的摩擦。在泡完澡肌肉變得溫暖後按摩是最理想的。當然，也可以一邊泡澡一邊進行。

平常接受鍛練的肌肉，較容易出現按摩效果。這是因為肌肉活化，對於來自於手掌的刺激容易產生反應所致。因此，每天的訓練很重要。

也可以採用按壓穴道的

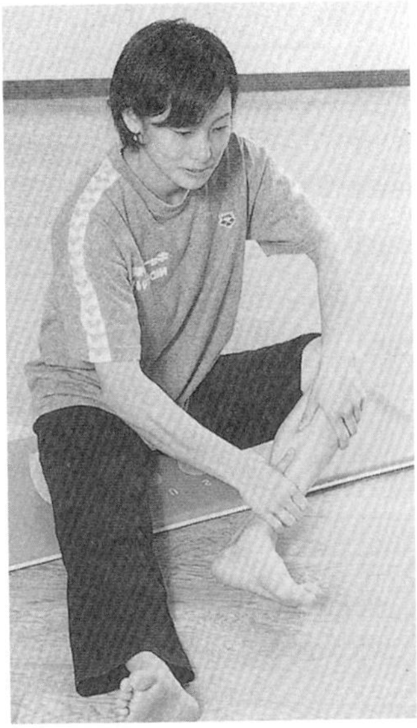

以按壓時感覺舒服的部位為主，要用指腹按壓。像大腿等大型的肌肉群，按壓各肌肉之間的交界處更有效。

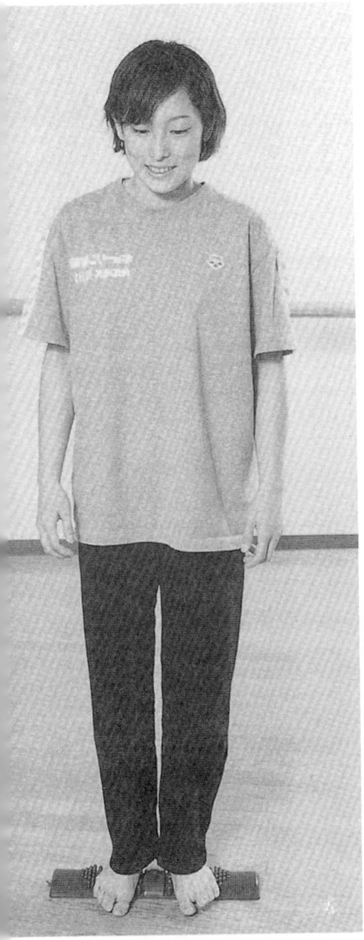

如果是以按壓穴道為主，要使用階段式的青竹器。價格便宜，可以在家中和辦公室各準備一個。

方式來按摩，不需要什麼複雜的穴道理論，只要用手指按壓感覺舒服的部位予以刺激即可。重點是不可用力壓迫，否則會給予已經疲勞的肌肉過多的負擔，同時也會對於較弱的韌帶造成不良影響。總之，要以適當的力量來按壓。像小腿肚、大腿等大型的肌肉群，則要針對各肌肉與肌肉之間集中性的進行按壓。

踩青竹也很有效。雖然是古老的方法，但值得試一試。可以一邊刷牙一邊踩青竹，自然的將其納入日常生活中。

每天的檢查表

月　日（　）	天氣	體重　Kg	體脂肪率　%
本日的活動度　1. 具有活動性　2. 沒有活動		本日的運動　1. 實施　2. 未實施	
本日的飲食　1. 適量　2. 太少　3. 太多 不是以量而是以熱量來考慮		時間　分	種類
備註・日記・身體狀況等		感想	

●本週的結果和下週的目標

	一	二	三	四	五	六	日	
活動度	1 2	1 2	1 2	1 2	1 2	1 2	1 2	點
飲食	1 2 3	1 2 3	1 2 3	1 2 3	1 2 3	1 2 3	1 2 3	點
運動	1 2	1 2	1 2	1 2	1 2	1 2	1 2	點
計								點
圖表 3								次
4								次
5								次
6								次
7								次
	一	二	三	四	五	六	日	

◆為了達成本週的目標而進行的事情

◆本週的問題點

◆下週的行動目標

第9章

稍微吃力的有氧運動與抵抗運動

以下進行比之前的內容稍微吃力的訓練。其中之一就是啞鈴。可利用家庭中一公升裝的保特瓶來代替。

第9週★★★★★★★★★★★★★★★★★★★★★★★★★★★★★★★

製造肌肉和血液的蛋白質

蛋白質，是構成人體材料的營養素。包括肌肉、血液、皮膚、骨骼、臟器、毛髮、指甲等，身體的各個組織都是由蛋白質所構成的。此外，像酵素、荷爾蒙、免疫抗體的材料也是蛋白質。

肉類、魚類、蛋、大豆、乳製品中含量較多的蛋白質，是由數種氨基酸結合而成的。蛋白質被攝取到體內時，會分解為氨基酸而被身體吸收用以製造身體。這個氨基酸在體內只能夠貯存一定量，多餘的部分則會隨著尿、汗水一起排出體外，或是和碳水化合物一樣的成為體脂肪。

人類身體不停的進行新陳代謝，所以，經常都需要蛋白質。由這意義來看，它應該是容易缺乏的營養素，故每天要積極的攝取。

一般人一天的蛋白質需要量是，體重一公斤為一・二到一・五克，進行訓練時則體重一公斤要增加為二克。這是因為在進行訓練時多多少少都會損傷肌肉，而為了加以修復，就需要更多的蛋白質。

反覆損傷與修復，就能夠強化肌肉。這就是肌肉經由訓練得以強化的構造。

●蛋白質含量較多的食品●●●●●●●●●

- **魚　類**　新鮮魚、魚類加工品、貝類、花枝、章魚、蝦
- **肉　類**　雞肉、豬肉、牛肉、火腿、香腸、培根
- **豆　類**　大豆、毛豆、納豆、豆腐
- **乳製品**　牛奶、乳酪、優格、脫脂奶粉
- **蛋**　雞蛋
- **深色蔬菜**　綠花椰菜

藉著運動就能夠鍛鍊肌肉

人一旦缺乏蛋白質，即使進行訓練，肌肉也無法成長，身體的強度逐漸減退，變得孱弱不堪。

運動選手之所以攝取大量的蛋白質，就是為了要讓肌肉成長。對於強化身體來說，這是不可或缺的物質。

但是，食品中的蛋白質含量卻意外的少，光是藉著飲食，很難攝取到需要量。如果想要補足，就得增加食量，結果，也會攝取到大量的脂肪。例如，魚、肉中雖然蛋白質的量豐富，但事實上也含有很多的脂肪。

如果利用魚或肉補充蛋白質，也會同時攝取到脂肪，導致熱量過剩。

為避免發生這種情況，最好選擇脂肪較少的植物性蛋白質食品，或盡量不使用油來調理。也可以利用營養輔助食品增加蛋白質的攝取量。

每天的檢查表

月　日（　）	天氣	體重　Kg	體脂肪率　%
本日的活動度　1. 具有活動性　2. 沒有活動		本日的運動　1. 實施　2. 未實施	
本日的飲食（不是以量而是以熱量來考慮）　1. 適量　2. 太少　3. 太多		時間　分	種類
備註・日記・身體狀況等		感想	

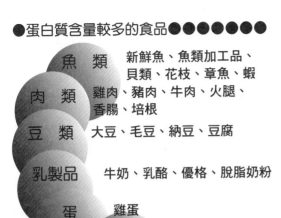

藉著緩和標準就能夠安心嗎？膽固醇的新常識

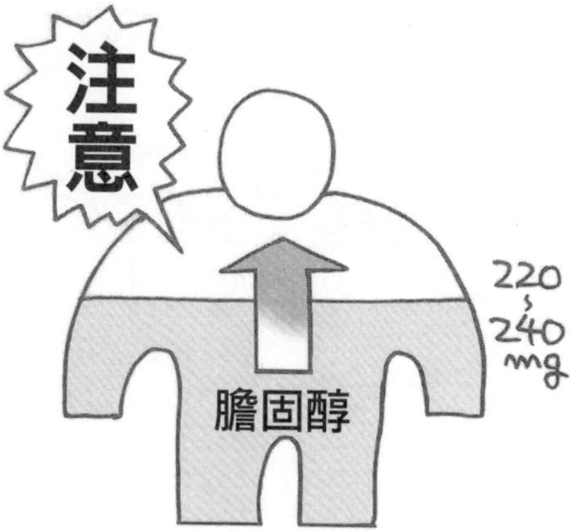

以日本為例，因為膽固醇值較高而出現高血脂症的人約有二千萬人。亦即每五人中，就有一人罹患高血脂症，可說是一種國病。在接受健康檢查時，醫師往往會提出這方面的警告。

高膽固醇是引起動脈硬化的原因，也會造成可怕的心肌梗塞。高血脂症已經成為生活習慣病，甚至有很多年輕患者。

二〇〇一年秋天，日本動脈硬化學會發表了重新評估的診斷標準。根據新的標準，以前被指出數值較高的人之中，有很多人都被列入「安全範圍」。

以前，一〇〇cc的血清中總膽固醇為二〇二mg時，就診斷為高血脂症。但是，這一次的標準則大幅修改為二四〇mg。

有些人認為應該在更早之前就要做這樣的修改。然而，一旦做這樣的修改之後，「患者」數將會減半。

放鬆這個標準，主要是比照心肌梗塞患者較多的歐美資料的結果。很早以前，就有人指出日本的診斷標準過於嚴苛。

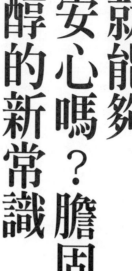

不過，就算數值為二四〇mg以下，也不能夠高枕無憂。數值為二二〇到二四〇的人，是處於必須要注意的範圍內，所以，還是要努力的降低膽固醇。

要燃燒體內過剩的膽固醇，最好借助有氧運動。像慢跑、走路，不僅能夠鍛鍊身體，同時也能藉著抵抗系

利用飲食降低膽固醇值

利用運動降低膽固醇值

列的運動活化肌肉，提高身體的基礎代謝。這麼一來，肌肉就能夠將膽固醇當成熱量消耗掉。

更重要的就是改善飲食生活，要控制動物性蛋白質的攝取量。少吃膽固醇過高的炸豬排飯或漢堡，要更換為豆腐、納豆等大豆蛋白，或攝取以魚為主食的料理。

最近，能夠降低體內膽固醇的油深受消費者們的喜愛。其中含有大量的植物性膽固醇，具有一定程度的降低膽固醇效果。但是，也不能就此而感到安心。使用後，如果仍以動物性蛋白質的食物為主，則無法降低膽固醇值，所以，它並不是萬靈丹。

此外，大家都聽過好、壞膽固醇。重點就是要增加好膽固醇，提高好膽固醇的比率。因此，要過著控制高熱量的生活，減少牛肉、豬肉等動物性蛋白質的攝取比率。

每天的檢查表

月　日（　）	天氣		體重	Kg	體脂肪率　%
本日的活動度 1. 具有活動性 2. 沒有活動			本日的運動 1. 實施 2. 未實施		
本日的飲食 不是以量而是以熱量來考慮 1. 適量 2. 太少 3. 太多			時間　分	種類	
備註・日記・身體狀況等			感想		

■第9週★★★★★★★★★★★★★★★★★★★★★★★★★★★★★★

水中漫步2

負荷較少的理想有氧運動2

繼前章之後，再次談及水中漫步。這次要活用浮板等來進行快樂的運動。和其他的有氧運動一樣，這個運動所進行的時間越長，就越能夠發揮燃燒脂肪的威力。

因為身體不必承受勉強的衝擊，所以，對於身體某些部分有毛病的人來說，這是可以嘗試的項目。很多運動員在進行復健時，也會積極的將此訓練納入課程中。

套在手臂上的浮圈以及水鞋是能夠增加負荷的訓練。可在健康俱樂部利用水中運動的用具來進行訓練。

利用浮板走路

將浮板垂直豎立，推水前進。大腿盡量上抬，對抗水的阻力。也可以利用相同的姿勢嘗試倒退走。

在水中步行的空檔，利用浮板來游泳。不要抓住浮板的邊緣，要將手掌置於浮板上來游泳。可以進行自由式、蛙式或蝶式的打水動作 。此外，將浮板夾在雙腿之間游泳，就能夠進行以上半身為主的訓練。

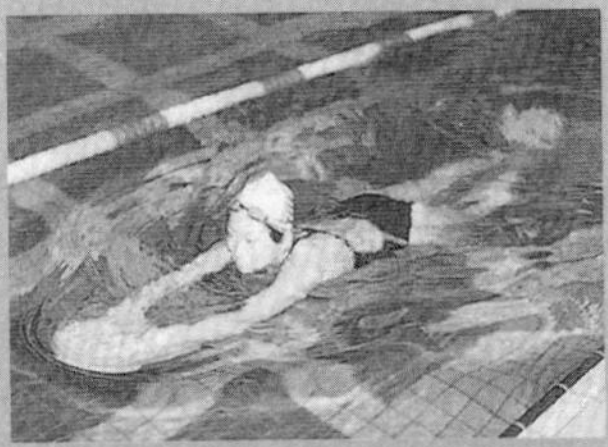

手置於浮板上游泳

雙腿夾住浮板游泳

利用專用器具步行

1.手臂上的浮圈前後擺動，推水朝前方步行。

2.盡量讓身體潛入水中，手大幅擺盪前進。在水中漫步 1 中曾介紹過側走或交叉走的運動。盡量大跨步，加快速度步行。

每天的檢查表

月　日（　）	天氣		體重	Kg	體脂肪率　%
本日的活動度 1. 具有活動性 2. 沒有活動			本日的運動 1. 實施　2. 未實施		
本日的飲食 不是以量而是以熱量來考慮 1. 適量 2. 太少 3. 太多			時間　分	種類	
備註・日記・身體狀況等			感想		

在家中可以進行的抵抗運動7

鍛鍊大腿內側與外側

上方的腳伸直、下方的腳伸直

目標次數＝各10～20次

利用深蹲或弓箭步鍛鍊大腿的前後肌肉，但是，很難鍛鍊到大腿兩側，也就是外側（外展肌群）與內側（內收肌群）。這是躺著進行的訓練，也可以一邊看電視或閱讀雜誌一邊輕鬆的進行。養成隨時進行這個動作的習慣，就能塑造臀部到大腿之間的線條。可以利用橡皮管加強負荷。

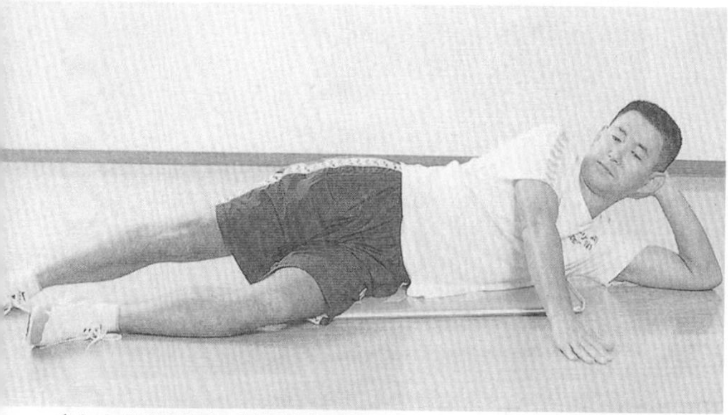

〔上方的腳伸直（鍛鍊大腿外側）〕

A.側躺，手肘貼地支撐頭部。另一隻手置於前方的地板上，在下方的腳的膝彎曲成90度，固定姿勢。伸直上方的腳。

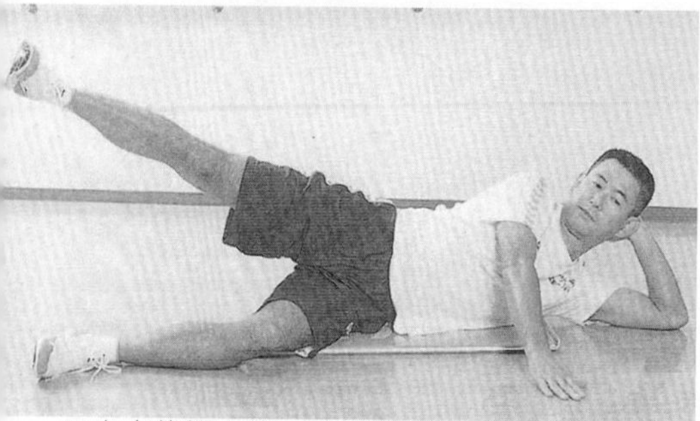

B.上方的腳上抬。不是從腳趾而是從腳踝開始上抬。勿伸值腳踝，要保持彎曲。抬高到不能再抬的地步為止，然後歸位。反覆進行這個動作。相反側的腳也要進行。

C.想要增加強度時，可將橡皮管的兩端打結使其變成環狀，套在兩腳踝上往上拉。

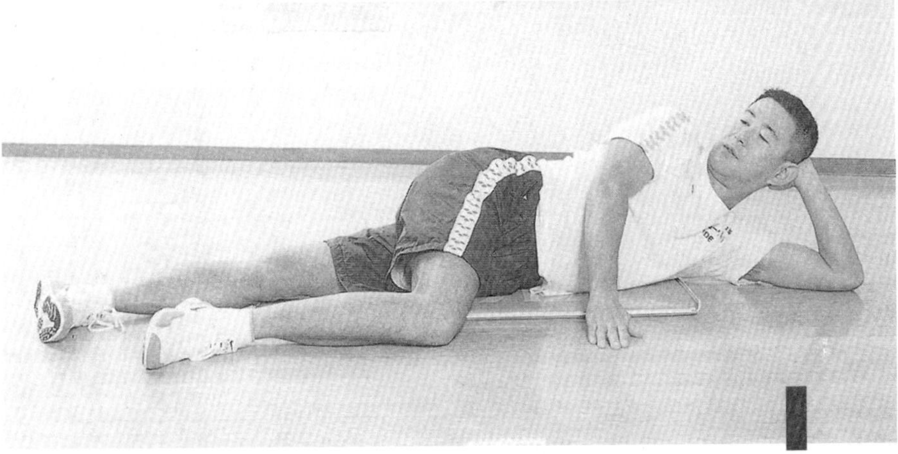

〔下方的腳伸直（鍛鍊大腿內側）〕

D.側躺，手肘貼地支撐頭部。另一隻手置於前方的地板上。與A相反的是，伸直在下方的腳，彎曲在上方的腳的膝貼地，固定姿勢。

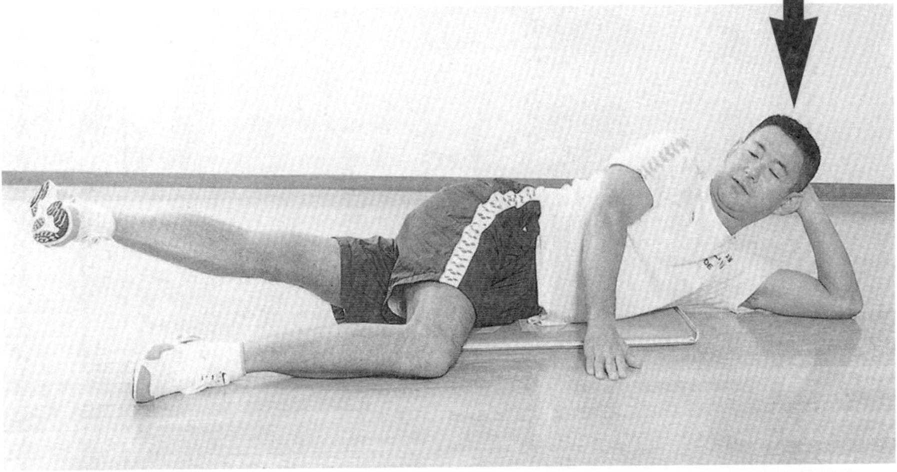

E.下方的腳上抬，然後歸位。反覆進行這個動作。同樣的，也是從腳踝開始往上抬。勿伸直腳踝。相反側的腳也要進行。

每天的檢查表

月　　日（　　）	天氣		體重	Kg	體脂肪率　　%

本日的活動度　1. 具有活動性　2. 沒有活動	本日的運動　1. 實施　2. 未實施
本日的飲食　不是以量而是以熱量來考慮　1. 適量　2. 太少　3. 太多	時間　　分 / 種類
備註．日記．身體狀況等	感想

在家中可以進行的抵抗運動8

鍛鍊體側

側彎

目標次數＝各10～20次

身體不只朝前後，也要朝左右、斜向等四面八方移動。光是朝前後移動，在日常生活中會造成不便，尤其不能夠進行運動等。一般而言，軀幹的訓練較容易成為前後運動，所以，要努力的進行左右（體側）的訓練。可利用啞鈴成橡皮管增加負荷來進行側彎。最初從較輕的負荷開始，不要勉強。

A.手持啞鈴，雙腳打開如肩寬站立。另一隻手置於頭部後方。拿著啞鈴的手朝相反側的方向慢慢的彎曲身體。不要藉著手臂的力量將啞鈴往上抬。要注意到相反側腹肌肉的收縮來做這個動作。盡量大幅度的彎曲上身。

B.其次身體朝拿著啞鈴的手的方向彎曲。上身必須要朝正側面倒。反覆進行幾次以上的動作之後，換手拿啞鈴做相同的動作。

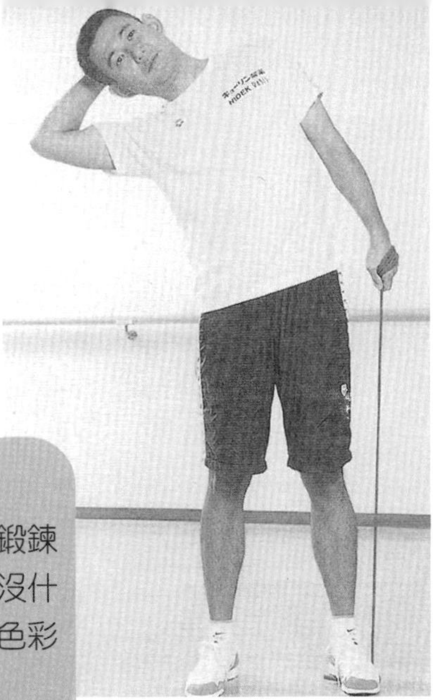

C.利用橡皮管取代啞鈴。單腳踩住橡皮管，用同側的手抓住橡皮管的一端，上身倒向側面。和使用啞鈴時的要領相同。

◆進行抵抗運動時不可或缺的啞鈴

從以前開始，人們就會利用啞鈴來鍛鍊肌肉，而且顏色或設計都十分的簡單，沒什麼變化。但是，現在已經改良成易握、色彩豐富的啞鈴。

使用啞鈴的訓練有很多，準備一副，使用時就很方便了。打算今後開始訓練的人，最好選擇一或二公斤重的啞鈴。

可以使用書本或瓶子等身邊物品來取代啞鈴，其中以保瓶最為方便。只要增減水的容量，就能夠輕易的改變重量。可以準備二個空的保特瓶，立刻向啞鈴訓練挑戰吧！

每天的檢查表

月　　日（　　）	天氣		體重	Kg	體脂肪率　　%
本日的活動度	1. 具有活動性 2. 沒有活動		本日的運動	1. 實施　2. 未實施	
本日的飲食 不是以量而是以熱量來考慮	1. 適量 2. 太少 3. 太多		時間　　分	種類	
備註・日記・身體狀況等			感想		

簡單的伸展運動7

大腿前面

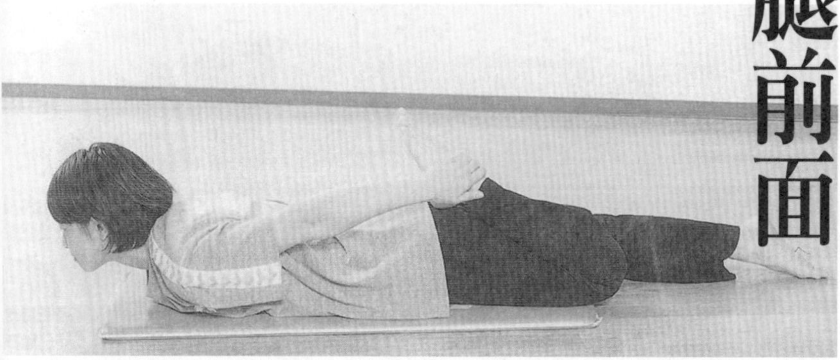

A－1.俯臥在地，用相同側的手慢慢的拉住腳踝。藉此可以伸展大腿中央以下的部分。

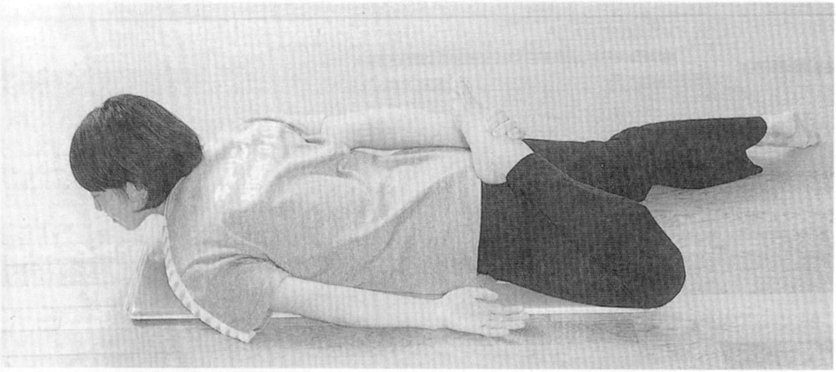

A－2.用相反側的手拉住腳踝。未伸展的腳要盡量張開。這時，大腿附近應該會出現舒服的緊繃感。

大腿前面，指的就是大腿，不論走路、跑、跳等，這是與人類所有動作都有關的重要肌肉。

在運動方面，這裡也是經常使用的部分。此處不柔軟時，則運動能力受限，無法展現敏捷的行動，同時也無法忍受長時間的運動。此外，一旦這個肌肉僵硬，就容易造成膝的問題。

B-1.想要得到更高的伸展效果時，可用相反側的手握住腳踝，下半身後仰。重點是要放鬆上半身，不可停止吸呼。這個伸展運動雖然能夠奏效，但也因為刺激過強，所以腰部有問題的人要注意，最好改採用下面照片的方法。

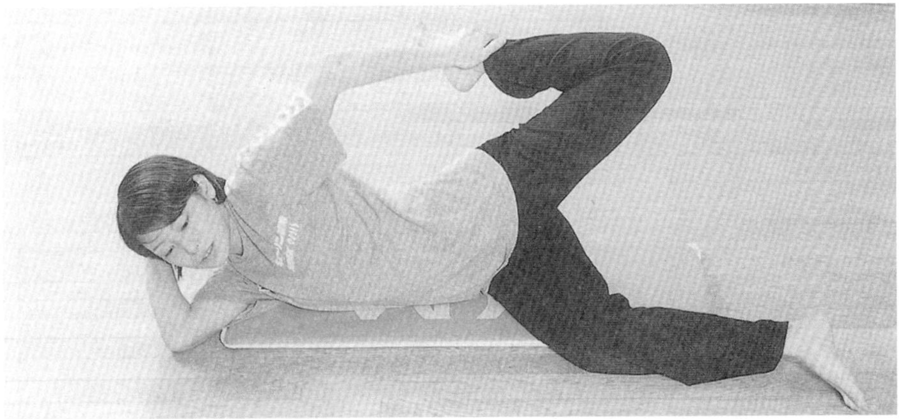

B-2.如照片所示，身體的側面貼地，用同側的手握住腳踝。這時從大腿中央到根部的部分應該會出現舒服的緊繃感。未伸展的腳要輕微彎曲，伸向前方。

C.其次坐起上身，做這個伸展運動。膝朝前跪立，後方的腳踝則用同側的手握住。為了讓大腿上方產生效果，則要調整姿勢。做這個伸展運動時不易保持平衡，所以最好在靠近牆壁的地方進行。

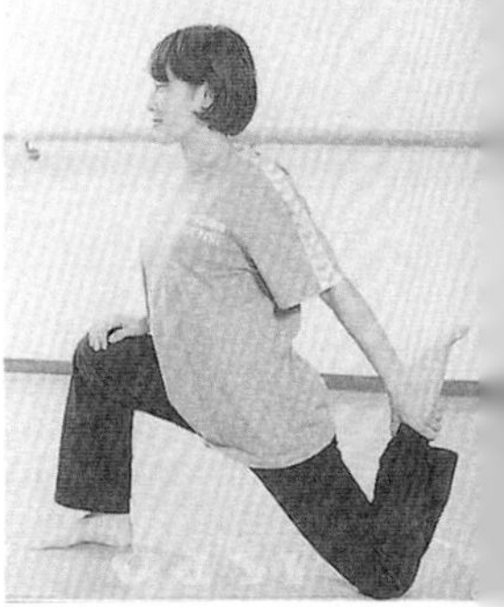

每天的檢查表

月　　日（　）	天氣		體重　　Kg	體脂肪率　　%
本日的活動度　1. 具有活動性　2. 沒有活動			本日的運動　1. 實施　2. 未實施	
本日的飲食　1. 適量　2. 太少　3. 太多 不是以量而是以熱量來考慮			時間　　分	種類
備註．日記．身體狀況等			感想	

●本週的結果和下週的目標

		一	二	三	四	五	六	日	
活動度		1 2	1 2	1 2	1 2	1 2	1 2	1 2	點
飲食		1 2 3	1 2 3	1 2 3	1 2 3	1 2 3	1 2 3	1 2 3	點
運動		1 2	1 2	1 2	1 2	1 2	1 2	1 2	點
計									點
圖表	3								次
	4								次
	5								次
	6								次
	7								次
		一	二	三	四	五	六	日	

◆為了達成本週的目標而進行的事情

◆本週的問題點

◆下週的行動目標

第10章

鍛鍊身體同時預防腰痛與肩痛

很多人都為腰痛、肩痛所苦，因為這個原因而導致運動不足。但是藉著持續訓練，能夠讓你擺脫腰痛與肩痛。

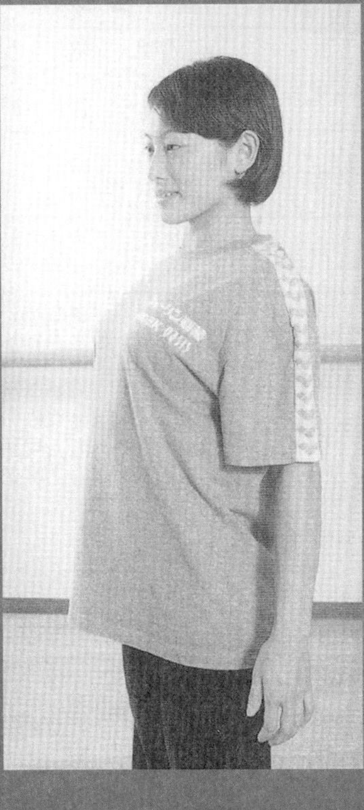

構成身體、調節機能的維他命與礦物質

雖然微量但卻能夠調整人體生理的營養素，那就是維他命。只要欠缺其中任何一種，身體就無法正常的發揮功能。如表所示，有A、B群、C、D、E等多種，各自具有重要的功能。

●主要的維他命及其作用●●●●●●●●

名　稱	主要作用	含量較多的食品
維他命A	脂溶性。保護黏膜、皮膚，防止細菌感染。具有在微暗處調節視力的功能。	肝臟、鰻魚、魚肝油、奶油、乳酪、牛奶、深色蔬菜、蛋
維他命B_1	水溶性。使碳水化合物順暢的分解，維持神經系統功能正常。促進消化液的分泌，增進食慾。經由調理後會大量流失。	胚芽、肝臟、肉類、牛奶、豆類、奶粉、深色蔬菜
維他命B_2	水溶性。促進成長。促進運動熱量來源的代謝。配合維他命A能夠提升視力。	肝臟、蛋黃、胚芽、肉類、奶粉、深色蔬菜
維他命B_6	水溶性。促進蛋白質的代謝，提高皮膚的抵抗力，維持健康。	肝臟、肉類、魚類、豆類、蛋、牛奶
維他命B_{12}	水溶性。是氨基酸代謝及生成蛋白質不可或缺的物質。一旦缺乏，會引起惡性貧血。	肝臟、肉類、海鮮類、乳酪、奶粉、蛋
維他命C	水溶性。提高肌肉活動的持久力，迅速消除疲勞。提高耐寒性。增加膠原蛋白的生成，鞏固毛細血管、骨骼及牙齒的結締組織，促進鐵質的吸收，降低血中膽固醇。	檸檬、柳橙、草莓、綠花椰菜、菠菜、白蘿蔔、小油菜、薯類
維他命D	脂溶性。提升鈣與磷的吸收，促進骨骼的正常發育。	魚肝油、肝臟、沙丁魚、魩仔魚、鰹魚、鮪魚
維他命E	脂溶性。是維持生殖功能所不可或缺的維他命。能夠維持生物體膜的健全，防止紅血球溶血。避免身體氧化，有助於防止老化。	穀類、胚芽油、棉籽油、豆類、深色蔬菜

●主要的礦物質及其作用●●●●●●●●●

名　稱	主要作用	含量較多的食品
鈣	製造骨骼與牙齒。與細胞的訊息傳遞和血液的凝固作用有關。促進心肌的收縮作用。	小魚類、牛奶、乳酪、奶粉
磷	與鈣攜手合作，製造骨骼與牙齒。促進醣類代謝順暢，蓄積熱量。中和酸或鹼。	奶粉、蛋黃、肉類、魚類、胚芽、米糠
鐵	運送氧，讓血中的氧進入細胞內。與氧的活化有關，提升營養素的燃燒。	肝臟、糖蜜、黃豆粉、海苔、蛋醃鹹的酒菜、豆腐皮、小乾白魚
鈉	降低肌肉或神經的興奮。保持體液的鹼性，維持細胞功能。國人有攝取過剩的傾向。	食鹽、味噌、醬油、火腿 醃鹹的酒菜、佃煮菜、麵包
鉀	調節心臟或肌肉的功能。調節細胞內液的滲透壓，使其維持穩定。	西瓜、牡蠣
碘	促進成長期的發育。使成人的基礎代謝活化。	海藻類、海產
鎂	提高經由刺激造成的肌肉的興奮性。或相反的，降低因為刺激而造成的神經的興奮性。	魚肉類、香蕉、菠菜、香辛料
鋅	與皮膚及骨骼的發育和維持有關。提升肌肉收縮的操作力及持久力，幫助生殖器官的發育。	海鮮類、肉類、牛奶、糙米、米糠、豆類、樹木的果實

除了維他命A、D、E是脂溶性之外，其他則為水溶性，無法蓄積在體內，會立刻隨著尿排出體外，因此要充分攝取。

礦物質是製造骨骼、肌肉、皮膚等身體組織的材料，具有使各種生理功能順暢的作用。礦物質也有各種不同的種類，其中以製造骨骼的鈣質和成為紅血球材料的鐵質這二種為代表。

此外，還有鎂、磷、鋅、碘等，這些都是不可或缺的礦物質，在日常飲食生活中要避免不足。

含有維他命和礦物質的食品各有不同，很難完全攝取到。尤其經常在外用餐的人更是如此。這時，應該藉著營養輔助食品來補充容易缺乏的部分。

每天的檢查表

月　日（　）	天氣		體重	Kg	體脂肪率　%
本日的活動度 1. 具有活動性 2. 沒有活動				本日的運動 1. 實施 2. 未實施	
本日的飲食 1. 適量 2. 太少 3. 太多 不是以量而是以熱量來考慮				時間　分	種類
備註・日記・身體狀況等				感想	

負荷較少的理想有氧運動3

將長時間游泳當成優質的有氧運動！

使用全身的游泳是非常有效的有氧運動

在許多的有氧運動中，游泳比較能夠使用上半身的肌肉。事實上，這是可以取得整體平衡的訓練。像慢跑等在著地時，會將步行時三倍的體重加諸在一隻腳上，但是，游泳則不會承受如此強烈的撞擊。具有較不容易造成運動傷害的優良特性。

不過，游泳卻是在日常生活中容易被我們疏離的運動。因此，如果一開始就無法掌握節律，就會立刻覺得疲累，所以，要盡量放鬆力量，利用較慢的步調來進行。與其前進，還不如以浮在水中的感覺來游泳。好像讓全身的細胞慢慢的吸入氧似的持續游泳，就能夠有效的燃燒脂肪。

只是實行起來並不是那麼容易，通常速度過快。心肌梗塞患者的復健中沒有納入游泳項目，就是因為面對這種運動時，總會有一種「想要努力達成目標」的想法所致。

游泳太快時，就會變成接近無氧運動。如此一來，就算是優質的有氧運動，也無法發揮其優點，變得毫無意義。

要以較慢的步調長時間游泳。尤其是二十到三十分鐘的長泳最為理想。

當然，並不是要長距離游泳，而是只要游到游泳池一邊的地方，而另一半路程

下意識的盡量讓身體搖擺來游泳，則即使長時間游泳也不覺得疲累。

利用搖擺將肩膀往前伸出，撥水的手就更能夠伸向前方。這就是能夠長時間游泳的秘訣。

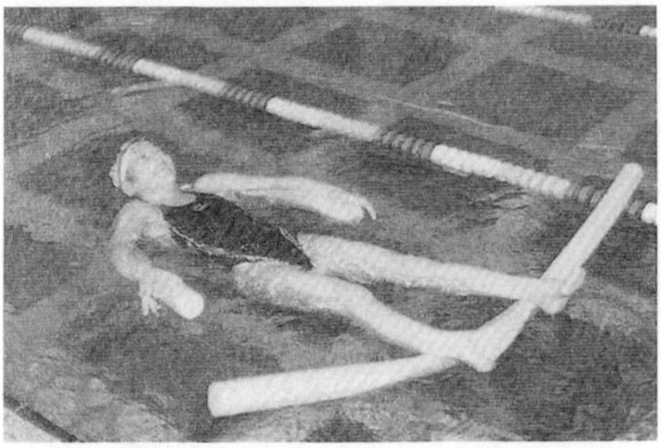

身體疲累時，可藉著利用保麗龍做成的滾動棒放鬆一下。

就以走路方式完成即可。甚至可以邊踢水邊前進，然後再走路。

總之，要盡量沈浸在水中持續進行運動。

長時間游泳的秘訣就是身體的搖擺。藉由搖擺使撥水的手能夠更往前方伸出，不妨一試。

以較慢的步調來游泳，就算是每天游泳，也不會對身體造成傷害，而且能夠享受游泳之樂。

每天的檢查表

月　日（　）	天氣		體重	Kg	體脂肪率 %
本日的活動度：1. 具有活動性　2. 沒有活動			本日的運動：1. 實施　2. 未實施		
本日的飲食（不是以量而是以熱量來考慮）：1. 適量　2. 太少　3. 太多			時間　分	種類	
備註・日記・身體狀況等			感想		

在家中可以進行的抵抗運動9

利用橡皮管鍛鍊肩膀

側舉

目標次數＝各10～20次

側舉是鍛鍊三角肌，也就是鍛鍊肩膀的抵抗運動。通常是雙手拿著啞鈴伸向正側面，而到達肩膀高度的運動。在此是使用橡皮管來取代啞鈴。

雖然負荷較輕，但是做起來也相當吃力，可以調節為自己能夠承受的負荷，不要勉力而為。

雙腳張開如肩寬站立，一隻腳伸向前方，踩住橡皮管的正中央。雙手朝下沿著上身各自抓住橡皮管的兩端。這時要調節長度，避免橡皮管太鬆。

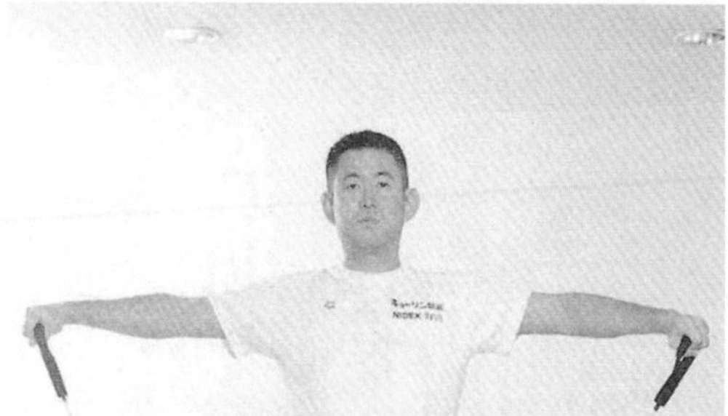

將兩邊的橡皮管同時往上拉到正側面。這時，手肘要輕微彎曲，不要伸直。以好像是從小指往上拉似的感覺來進行。一直拉到正側面後，再慢慢的回到原來的位置。反覆進行這個動作。

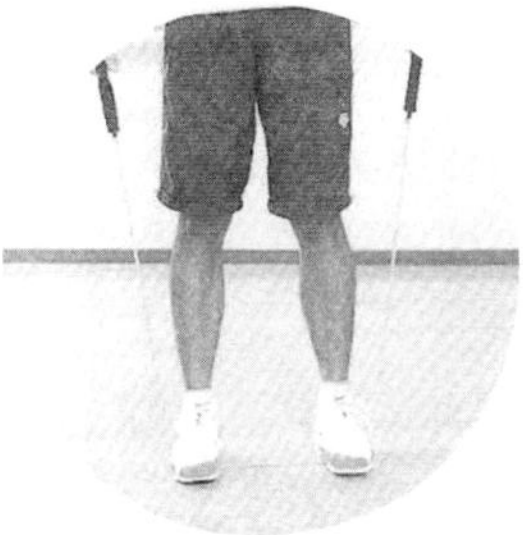

想要加強負荷時，則用雙腳踩住橡皮管，手多繞幾圈。

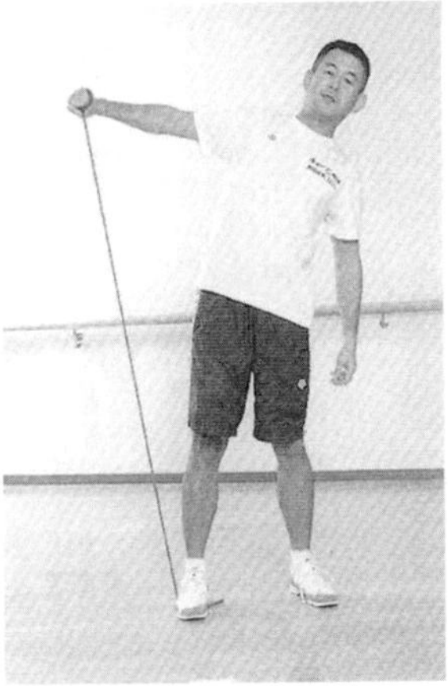

以單手進行時，要避免上身傾斜，否則無法給予肩膀正確負荷。

因為橡皮管的張力太強而無法用雙手同時往上拉時，可以用單手進行。

每天的檢查表

月　日（　）	天氣		體重	Kg	體脂肪率 %
本日的活動度 1. 具有活動性 2. 沒有活動			本日的運動 1. 實施　2. 未實施		
本日的飲食 不是以量而是以熱量來考慮 1. 適量 2. 太少 3. 太多			時間　分	種類	
備註・日記・身體狀況等			感想		

預防惱人的肩膀酸痛

很多人都有肩膀酸痛的煩惱。情況嚴重時，甚至手臂無法上抬，可能會引起頭痛、頭暈等症狀，對工作和學業造成不良影響。

原因是肩膀肌肉淤血、酸痛、僵硬的緣故。肩膀酸痛的人，在日常生活中活動肩膀的機會較少。當然，這也受到體質極大的影響。

要多進行肩膀運動以避免發生頭痛。

在此為各位介紹一些簡單的伸展運動。

另外，腰痛也和肩膀酸痛一樣，令許多人感到非常煩惱。在第六章的八十六到八十七頁曾介紹過腰部伸展運動，進行之後，就能夠防止腰痛。當腹肌的力量比背肌更弱時就會引起腰痛。為腰痛所苦的人，平常就要鍛鍊腹肌。可以進行第五章七十到七十一頁的訓練，藉此防止衰弱。

肩膀酸痛或腰痛除了是單純的肌肉或身體失去平衡所造成的之外，其背後也可能隱藏著重大的疾病。如果痛苦不堪，就要趕緊就醫。

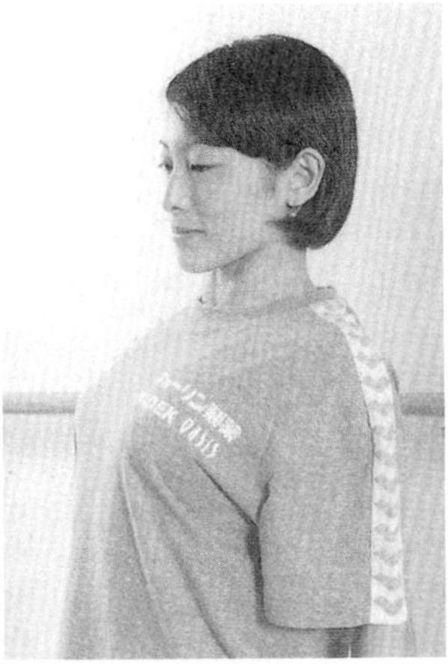

肩膀下垂，挺胸，感覺好像背部的肩胛骨與肩胛骨黏在一起似的。反覆進行這個動作數次。

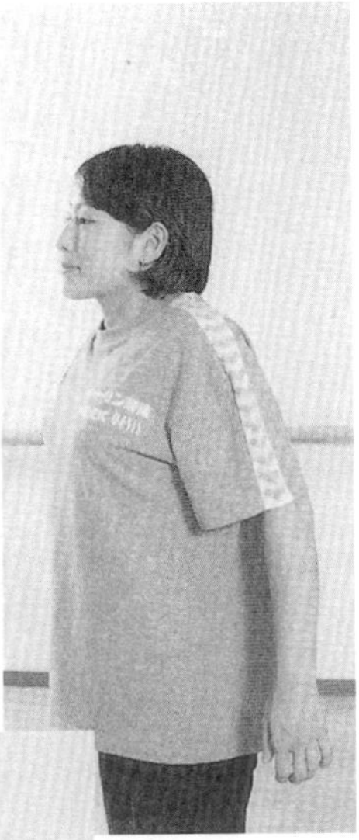

好像肩口朝向耳朵後側似的將肩膀上抬。

挺胸，兩肩朝鼻子的方向上抬。

肩膀朝前下方下垂。這時不可拱起背部。反覆進行這個動作數次。

每天的檢查表

月　日（　）	天氣		體重	Kg	體脂肪率　%

本日的活動度　1. 具有活動性　2. 沒有活動	本日的運動　1. 實施　2. 未實施
本日的飲食　不是以量而是以熱量來考慮　1. 適量　2. 太少　3. 太多	時間　分 / 種類
備註・日記・身體狀況等	感想

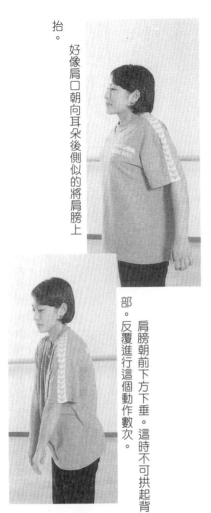

簡單的伸展運動8

胸與背部

在運動時，構成上半身的胸部肌肉與背部肌肉兩者的平衡很重要。不要形成間隔，胸部和背部的伸展運動前後進行。胸、背部、慣用手臂和身體的平衡失調都會造成影響。左右進行時，就會發現難易度各有不同。

對於感覺難以進行的部分，要增加次數進行重點式的訓練。

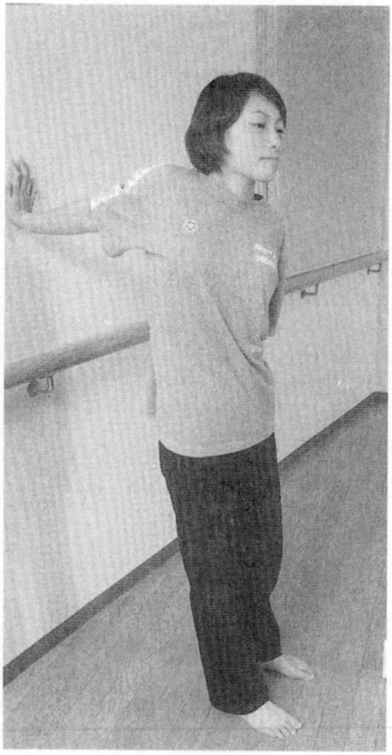

胸部的伸展運動：背對牆壁站立，手繞到背後壓壁。保持這個姿勢肩膀向前伸出，做出挺胸的動作。肩關節較硬的人，手無法順利的壓壁，而當肩膀周圍承受負擔時，就要將注意力集中於胸部，慢慢的就能夠順利的完成這個動作。

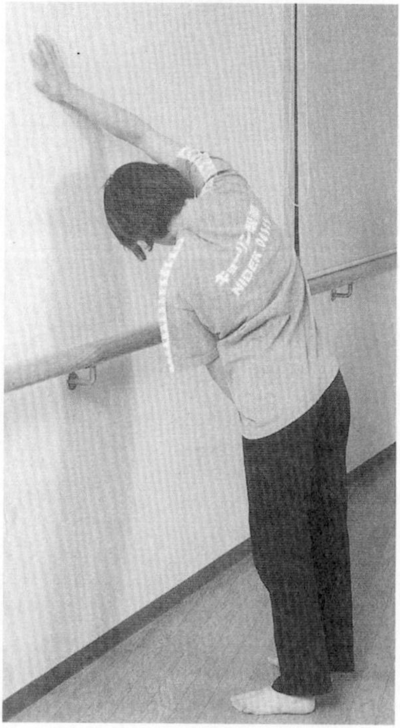

背部的伸展運動：面對牆壁站立，手壓住牆壁，感覺好像要讓相反側的肩下垂似的，將肩膀往前伸出。按住牆壁的手置於身體中央線的外側（相反側肩的方向）時，就能夠得到更大的伸展效果。

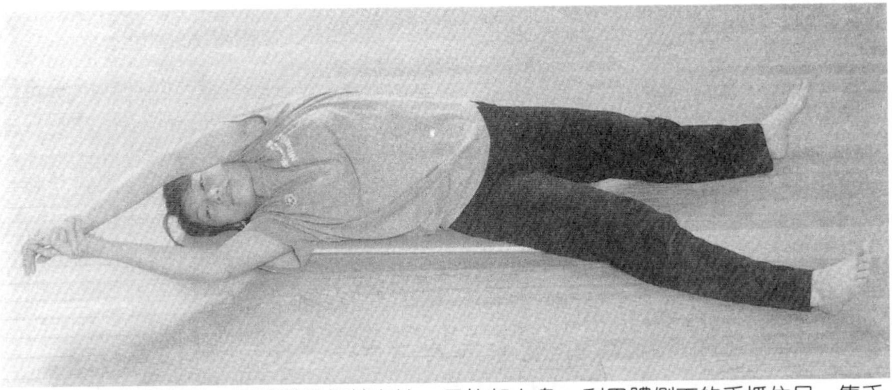

背部的伸展運動：張開雙腳仰躺在地。只抬起上身，利用體側下的手抓住另一隻手的手腕拉向斜上方。其次再抓住手肘做相同的動作，藉此能提升伸展效果。

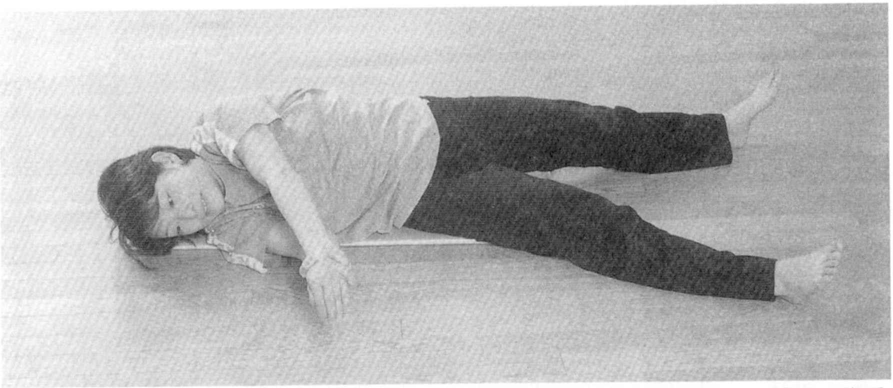

採取相同的姿勢，這次手臂朝身體的前方伸出。和之前的伸展相同，用體側下的手拉另一隻手來進行這個動作。拉向斜上方時，可以伸展背部上方的肌肉；拉向下方時，則可以伸展肩胛骨與肩胛骨之間的肌肉。只要進行這一連串的伸展運動，就能夠確認具有微妙的差距。

每天的檢查表

月　　日（　　）	天氣		體重	Kg	體脂肪率　　%
本日的活動度	1. 具有活動性 2. 沒有活動		本日的運動	1. 實施　2. 未實施	
本日的飲食 不是以量而是以熱量來考慮	1. 適量 2. 太少 3. 太多		時間　　分	種類	
備註・日記・身體狀況等			感想		

■第10週★★★★★★★★★★★★★★★★★★★★★★★★★★★★★★★★★

女性比較苗條、男性比較胖 男女對於肥胖的關心度各有不同

女性對於減肥比較熱衷，很多女性雜誌都會刊載減肥的相關報導。但是，為什麼男性對減肥似乎漠不關心呢？

從日本厚生勞動省發表的二〇〇〇年度的國民營養調查中就可以證明這一點。

三十到六十歲層的男性大約有三成的肥胖者，各年齡層的肥胖比例比十年前增加了許多。相對的，與十年前相比，女性變得更苗條。只有七十歲以上的肥胖百分比上升。尤其年輕女性變苗條的情況更為明顯。二十歲層的女性中，有二十四%的人是比標準體重更瘦的苗條型。

相反的，同一年齡層男性苗條型的比例減少。例如四十歲層只有二．七%為苗條型。女性逐漸走向苗條化之路，而男性則走向肥胖之路。根據厚生勞動省的資料就能夠發現這種傾向。

男女之間所以會形成對比，原因就在於對於飲食的意識差異。女性會注意熱量問題來用餐，男性則不會注

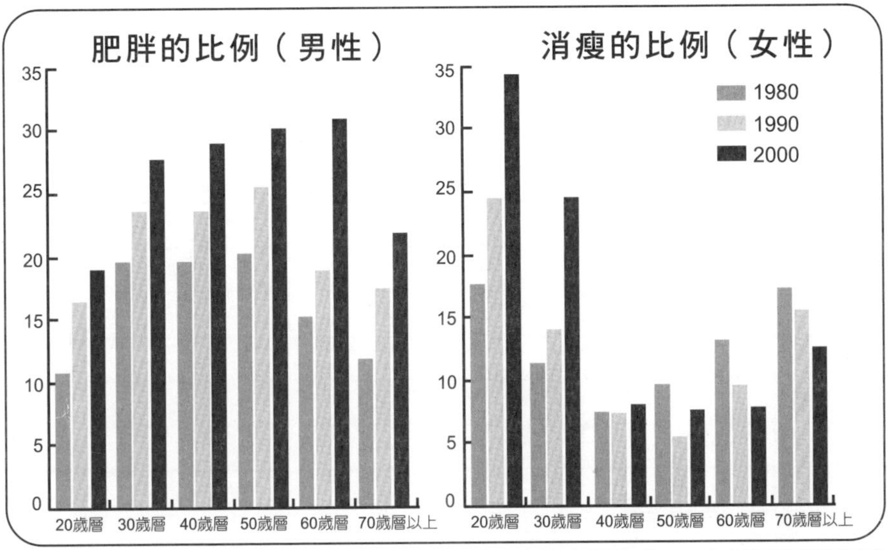

（日本厚生勞動者2000年國民營業調查）

意這個問題。

像肥胖的元兇脂肪的熱量攝取，應佔總熱量的二十到二十五%，但是，二十到四十歲層的男性都超過這個比例，這樣當然無法變得苗條。

問題在於男性對於肥胖的意識較低。男性中只有二成的人認為自己肥胖。

高血脂症、高血壓、糖尿病等都與肥胖有關。肥胖是生活習慣病的溫床，因此首先要改革男性的意識，這可以說是當務之急。

男性如果能夠像女性一樣注意飲食，同時藉著運動流汗，那麼相信男性們一定會更加長壽。從今天開始，請藉著運動來減肥吧！

每天的檢查表

月　日（　）	天氣		體重　Kg	體脂肪率　%

本日的活動度：1. 具有活動性　2. 沒有活動	本日的運動：1. 實施　2. 未實施
本日的飲食（不是以量而是以熱量來考慮）：1. 適量　2. 太少　3. 太多	時間　分　／　種類
備註・日記・身體狀況等	感想

●本週的結果和下週的目標

		一	二	三	四	五	六	日	
活動度		1 2	1 2	1 2	1 2	1 2	1 2	1 2	點
飲食		1 2 3	1 2 3	1 2 3	1 2 3	1 2 3	1 2 3	1 2 3	點
運動		1 2	1 2	1 2	1 2	1 2	1 2	1 2	點
計									點
圖表	3								次
	4								次
	5								次
	6								次
	7								次
		一	二	三	四	五	六	日	

◆為了達成本週的目標而進行的事情

◆本週的問題點

◆下週的行動目標

第11章

讓身體勉力而為，無法得到良好的訓練成果。想要提高訓練效果，就要考量身體的保養和飲食等各方面的問題。

身體的保養與訓練

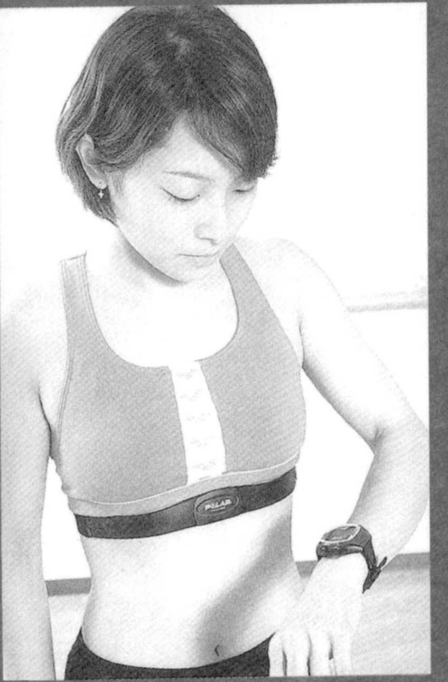

■第11週★★★★★★★★★★★★★★★★★★★★★★★★★★★★★★★★★★★★★★★

考慮用餐時間與內容來進行訓練

訓練與營養的攝取有密切的關係，這種說法絕不誇張。如果能夠考慮到兩者的關係來進行訓練，就更能夠提升效果。相反的，如果完全不考慮而進行訓練，則非但無法提升效果，反而會損傷身體。

首先，關於進行訓練的時間帶，最好在用餐之前。飯後立刻運動，則臟器的活動遲鈍，食物的消化、吸收無法順利的進行，會令人感覺不適。

此外，飯前當成熱量源使用的體內糖分減少，脂肪就會迅速燃燒。因此，想要減少體脂肪的人，最好於飯前進行訓練。

但是，在完全空腹的情況下進行訓練，也會引起弊端。因為在脂肪開始充分燃燒前，會出現熱量不足的情況，同時，進行訓練時會消耗掉大量的蛋白質，一旦缺乏蛋白質，那麼，肌肉就無法發達。所以，在進行訓練之前，要先吃點東西。

例如，牛奶、紅豆麵包或均衡的營養食等，要攝取能夠同時補給糖分與蛋白質的食物。

從蛋白質被吸收到能夠利用為止，需要花三到四個小時。因此，如果在午餐前進行訓練，則在早餐時就要好好的攝取蛋白質，而如果在晚餐前進行訓練，則午餐(或吃點心)時就要好好的攝取蛋白質。

結束訓練後，也要好好的攝取食物。尤其因為進行訓練而消耗掉的糖分、蛋白質，一定要加以補充。前面提及，肌肉是經由反覆的損傷（訓練）和修復（休息與補充營養）而鍛鍊出來的。在修復時，要避免缺乏蛋白質。

集合各種營養的均衡食品琳琅滿目

如上所示，考慮用餐時間與營養素來進行訓練，就能夠提升效果。所以，在面臨考試、比賽等特定的日子而必須使身體保持在最佳狀態時，就可以利用這種方法。

大家知道的就是「碳水化合物法」。也就是在參賽的三到五天前比平常攝取更多一些的碳水化合物、讓肌肉內盡量貯存糖分的方法。

像馬拉松或鐵人大賽等需要持久性的競賽，使用這個方法尤其有效。

每天的檢查表

月　日（　）	天氣	體重　Kg	體脂肪率　%
本日的活動度　1. 具有活動性　2. 沒有活動		本日的運動　1. 實施　2. 未實施	
本日的飲食　不是以量而是以熱量來考慮　1. 適量　2. 太少　3. 太多		時間　分	種類
備註・日記・身體狀況等		感想	

利用「RICE」作戰來處理問題

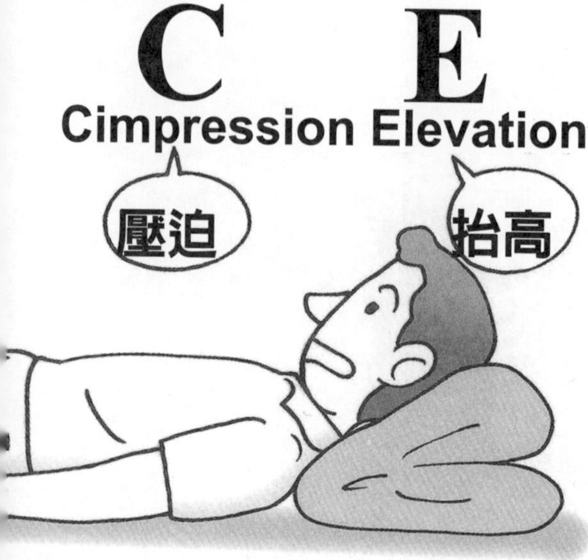

另外需要注意的就是扭傷、撞傷的問題。這時就要了解「RICE」的方法。

這是遇到緊急狀況時，應該要採取的四種處置的總稱，取各自的開頭字母稱為「RICE」。實施「RICE」，就能夠使傷害迅速復原。

R是rest＝安靜。受傷後要立刻停止運動，避免活動患部。如果扭傷，則要利用綁帶子的方式固定患部。

I是ice，也就是冰敷的意思。受傷後立刻冰敷患部。隔一段時間後再進行，效果會減弱，所以，要馬上處理。利用冰敷可以抑制患部的內出血或腫脹，很快就能夠復原。

一般的作法是，在塑膠袋內放入冰塊，直接置於患部。感覺太冰時，也可以外面裹上毛巾來進行冰敷。若是腳踝或手腕的部分受傷，則可以在水桶中放入冰水，將手或腳浸泡其中，這樣就能夠迅速奏效。

持續冰敷十五到三十分鐘，其後的一到二天內也要反覆冰敷數次。

第三項的C則是compression，也就是壓迫的意思。將如海綿般柔軟的東西置於患部，略微壓迫加以包紮，這是避免腫脹的緊急處置。在現場進行這種方法，具有如冰敷般的效果。最好持續三分鐘進行壓迫處置。

受傷的程度較大時，則

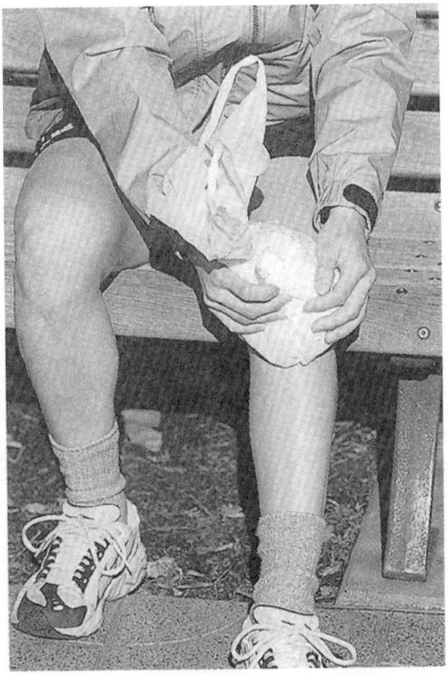

利用冰敷能夠防止腫脹，同時能使傷口及早復原。在塑膠內裝入冰塊，冰敷患部。

不宜進行 compression 的處置，應該要趕緊就醫。

最後的E是elevation也就是抬高的意思。將處置的患部置於較高的位置，藉此能夠避免腫脹，使得腫脹部分的水分消退。只要將腳踝置於比身體更高的椅子上即可。而如果是手腕，則要利用三角巾吊起來。持續二～三天進行這種處置。睡覺時也要抬高患部。

知道RICE作戰，就能夠處理受傷的情況。但這畢竟只是緊急處置，在扭傷或撞傷時，使用RICE就足夠了，而如果情況更加嚴重，就要求助於醫師。

不過，若是受到更大的傷害，那麼還是要先做RICE緊急處置。這時要積極的進行冰敷。

了解這四大處方，就能夠將傷害抑制到最低限度。效果極佳，要將其當成運動常識牢記在心。

每天的檢查表

月　日（　）	天氣		體重	Kg	體脂肪率　%
本日的活動度	1. 具有活動性 2. 沒有活動		本日的運動	1. 實施　2. 未實施	
本日的飲食 不是以量而是以熱量來考慮	1. 適量 2. 太少 3. 太多		時間　分	種類	
備註．日記．身體狀況等			感想		

■第11週★★★★★★★★★★★★★★★★★★★★★★★★★★★★★★

利用爬樓梯讓身體的脂肪燃燒

爬樓梯會大量的消耗掉熱量，是效果極佳的有氧運動，但是負荷較高，所以不要勉力而為。

平常也可以增大腳步來爬樓梯

很多人都不知道爬樓梯是一種有氧運動。階梯訓練好像是只有在上體育課時才會做的事情，很多人都對其敬而遠之。

但並不是跑上樓梯，而只是走上樓梯罷了。與走在平地相比，因為必須用力抵擋重力的部分，所以，會消耗掉更多的熱量。因此，它也算是效率極高的一種有氧運動。

當然，不必一開始就意氣風發的向高高在上的階梯挑戰。首先要養成盡量少搭乘電梯及手扶梯的習慣。同時，在三樓以內的範圍，盡量走路上下樓梯，然後慢慢的增加爬樓層的高度。

在習慣之後，就很喜歡爬樓梯了。和慢跑的速度相同，以稍微感覺吃力的程度來運動最為理想。過於激烈的運動，則是幾近於無氧運動，雖可強化下半身，但是就燃燒脂肪的觀點而言，這並不是好的訓練方法。

爬樓梯時要注意下樓梯的問題。尤其是膝較弱或容易出現毛病的人，下樓梯是一大負擔，因此，最好使用電梯。

為各位介紹可以在家中進行的踏台運動。不光是單純的爬上爬下，如果能夠擺盪腿將膝往上抬，就能夠成為更有效的運動了。

●踏台運動

單腳站上去後，另一隻腳朝後上方擺盪，交互進行運動。

如果是用右腳踏上去，那麼就用左腳後退下來。換腳進行，盡量持續較長的時間。也可以利用家中的樓梯或箱子來進行。

上了踏台後，盡量抬高膝

每天的檢查表

月　日（　）	天氣		體重　Kg	體脂肪率　%
本日的活動度	1. 具有活動性 2. 沒有活動	本日的運動	1. 實施　2. 未實施	
本日的飲食 不是以量而是以熱量來考慮	1. 適量 2. 太少 3. 太多	時間　分	種類	
備註．日記．身體狀況等		感想		

■第11週

家中可以進行的抵抗運動10

利用啞鈴或橡皮管鍛鍊手臂

手臂彎舉、頸後推舉

目標次數＝各10～20次

手臂彎舉可以鍛鍊肱二頭肌，而頸後推舉則可以鍛鍊後側的肱三頭肌。不論是哪一種運動，都是以手肘為支撐點屈伸前臂。因此，要好好的固定手肘，意識到肱部的肌肉收縮來進行訓練。

〔啞鈴（橡皮管）手臂彎舉〕

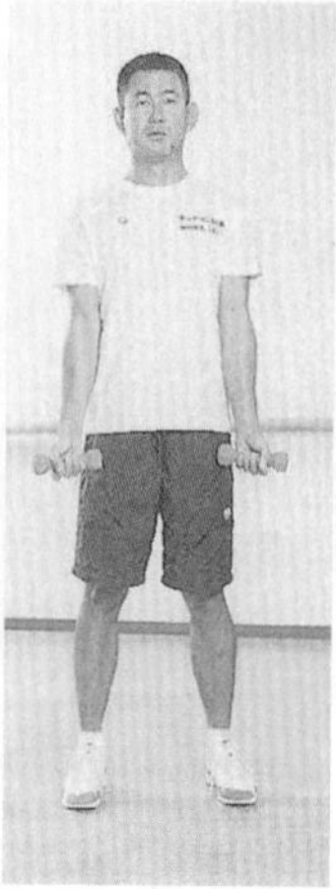

A.雙腳張開如肩寬，雙手拿著啞鈴站立。雙臂保持伸直的狀態

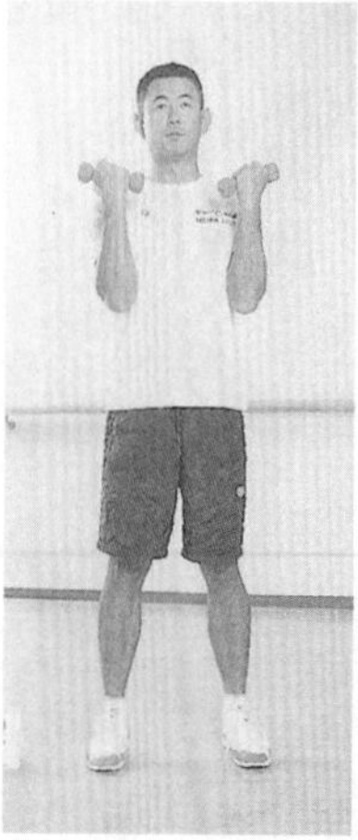

B.彎曲的兩手肘貼於腋下。這時將啞鈴上抬，以好像從小指先上抬的感覺來進行。一直抬到胸前為止，然後再慢慢的歸位。反覆進行這個動作。

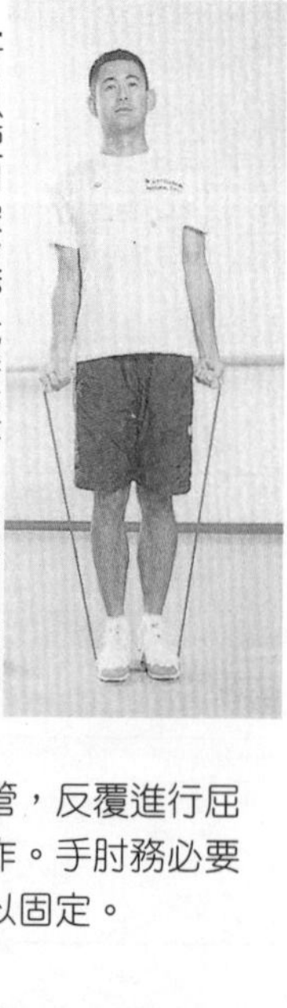

C.可以使用橡皮管代替啞鈴。這時，雙腳踩在橡皮管的正中央，雙手朝下抓住橡皮管的兩端。

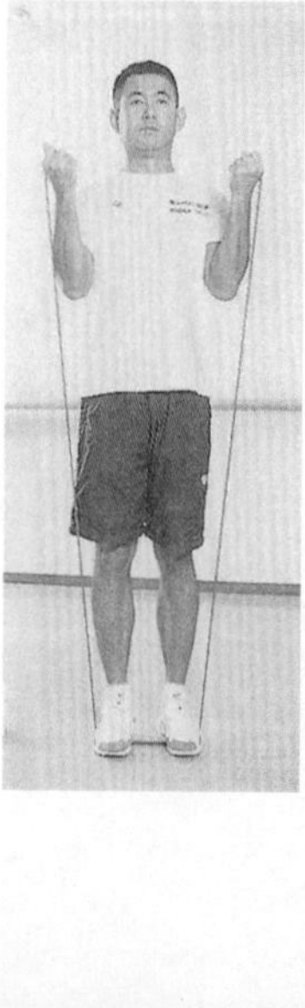

D.抓住橡皮管，反覆進行屈伸手肘的動作。手肘務必要貼於體側加以固定。

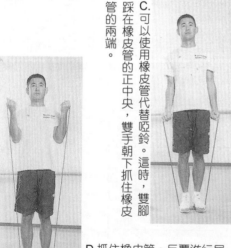

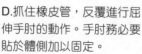

〔頭後推舉〕

A. 雙腳張開如肩寬站立，單手將啞鈴拿到頭部後方。用另一隻手好好的支撐拿著啞鈴的手的手肘。

B. 固定手肘，慢慢的將啞鈴舉到頭上，然後再慢慢回到原先的位置。反覆進行這個動作。

C. 使用橡皮管代替啞鈴時，單腳踩在橡皮管的一端，手繞到頭部的後方，抓住另外一端。

D. 與B同樣，慢慢的做屈伸手肘的動作，進行鍛鍊上臂的訓練。通常上半身容易後仰，所以體重要置於拇趾球上。

每天的檢查表

月　日（　）	天氣		體重　Kg	體脂肪率　%
本日的活動度	1. 具有活動性 2. 沒有活動		本日的運動 1. 實施　2. 未實施	
本日的飲食 不是以量而是以熱量來考慮	1. 適量 2. 太少 3. 太多		時間　分	種類
備註・日記・身體狀況等			感想	

簡單的伸展運動9

手臂

從手腕到手肘，稱為前臂，而從手肘到肩膀稱為上臂（肱部）。手臂伸展運動中的注意點，就是不可用力進行。

對於所有的伸展運動而言都是如此，應該要靜靜的伸展肌肉，這樣的強度即可。只要花點時間放鬆肌肉，慢慢的就能夠培養肌肉的柔軟性。勉強加諸強度會造成反效果，必須耐心舒適的進行伸展運動。

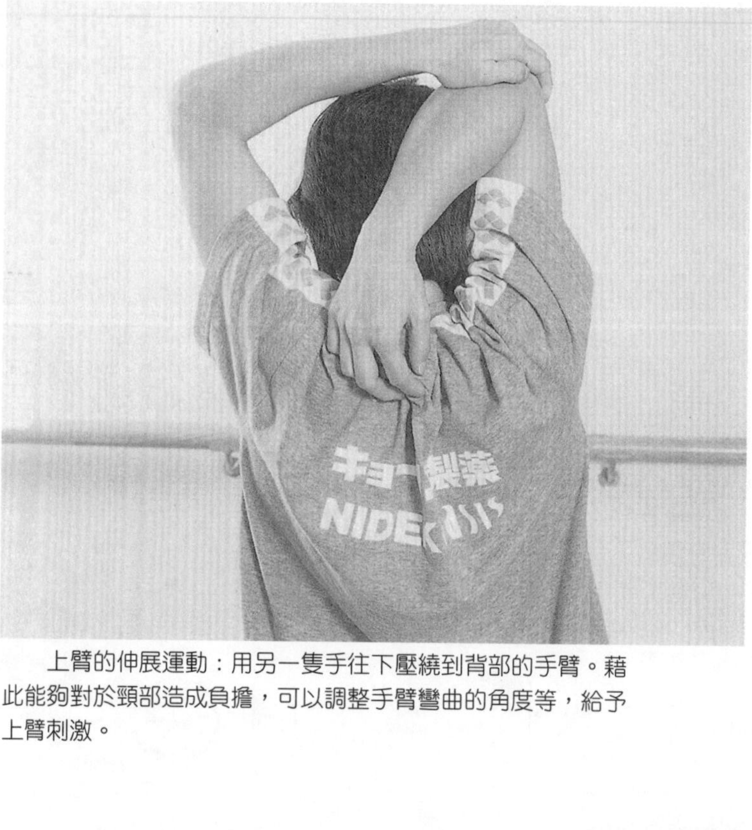

上臂的伸展運動：用另一隻手往下壓繞到背部的手臂。藉此能夠對於頸部造成負擔，可以調整手臂彎曲的角度等，給予上臂刺激。

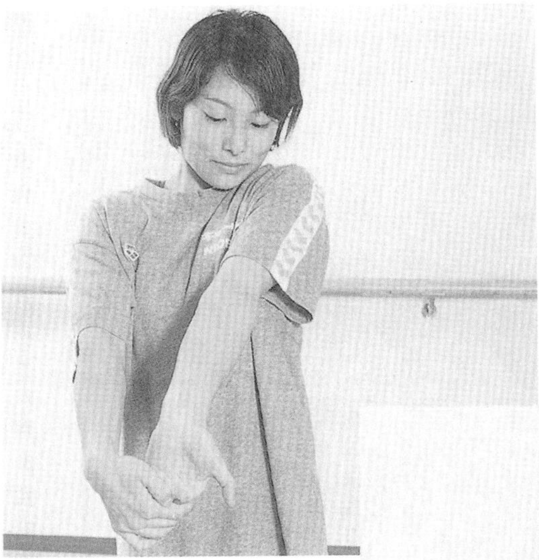

前臂的伸展運動：手臂的內側往上突出，用相反側的手將其拉到面前。這時，可以對於接近拇指側的部分加諸力量，或讓小指側旋轉，要分別注意到內側與外側的動作。

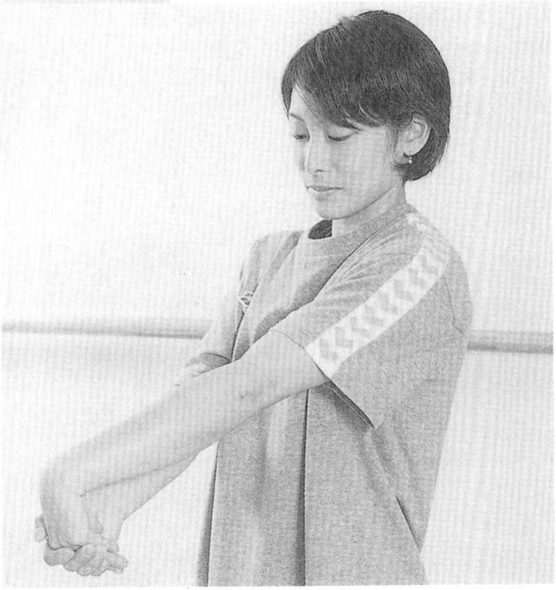

前臂的伸展運動：這次是以前臂表面的肌肉為主。手臂的外側朝上，彎曲手腕。另一隻手則靠在上面將手腕拉到面前。這時前臂的表面會產生一種舒適的緊繃感。這個伸展運動最好也對接近拇指側的部分加諸力量，或讓小指側旋轉。

每天的檢查表

月　　日（　　）	天氣		體重	Kg	體脂肪率　%
本日的活動度 1. 具有活動性 2. 沒有活動				本日的運動 1. 實施　2. 未實施	
本日的飲食 1. 適量 2. 太少 3. 太多 不是以量而是以熱量來考慮				時間　分	種類
備註・日記・身體狀況等				感想	

利用平衡球的運動4

伸展運動

A.雙腳伸直坐在球上。雙腳張開，上身前傾，利用球滾動的力量上身自然往前倒。與一般前屈的伸展運動相比，更能夠自然的進行運動。主要是伸展大腿內側的肌肉。

平衡球不只是能夠提高平衡感，同時可以當成伸展運動的輔助用具來加以利用。只要高明的使用，則負荷比平常的伸展運動更輕，建議身體僵硬的人使用。

此外，也可以期待產生放鬆效果。

B.躺在球上取得平衡，整個身體後仰。藉此可以伸展胸部和腹部的肌肉。背部後仰感覺十分的舒服，可以得到放鬆效果。

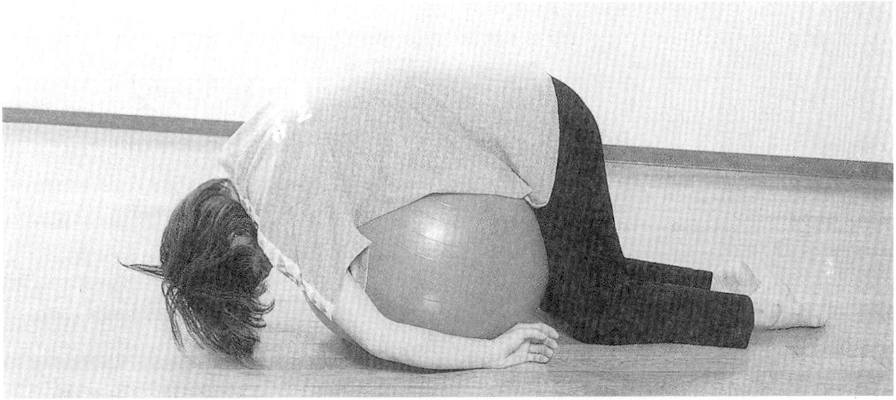

C.趴在球上，雙手雙膝貼地。伸展從腰到背部的肌肉。感覺好像拱起全身似的頭朝內側來進行這個動作。

D.雙腳盡量張開坐在地上。球置於一隻腳的腳趾處，雙手扶住球。

E.好像用球畫弧形似的，用雙手將球滾動到另一隻腳側。反覆進行，就能夠伸展腰、股關節及大腿內側。

每天的檢查表

月　日（　）	天氣		體重	Kg	體脂肪率　%

本日的活動度
1. 具有活動性
2. 沒有活動

本日的飲食
不是以量而是以熱量來考慮
1. 適量
2. 太少
3. 太多

備註．日記．身體狀況等

本日的運動
1. 實施　2. 未實施

時間　分
種類

感想

●本週的結果和下週的目標

		一	二	三	四	五	六	日	
活動度		1 2	1 2	1 2	1 2	1 2	1 2	1 2	點
飲食		1 2 3	1 2 3	1 2 3	1 2 3	1 2 3	1 2 3	1 2 3	點
運動		1 2	1 2	1 2	1 2	1 2	1 2	1 2	點
計									點
圖表	3								次
	4								次
	5								次
	6								次
	7								次
		一	二	三	四	五	六	日	

◆為了達成本週的目標而進行的事情

◆本週的問題點

◆下週的行動目標

第12章

吃力的抵抗運動與平衡球

反覆訓練，習慣後，就向比較吃力的抵抗運動和平衡球挑戰。訓練後要讓肌肉充分休息。

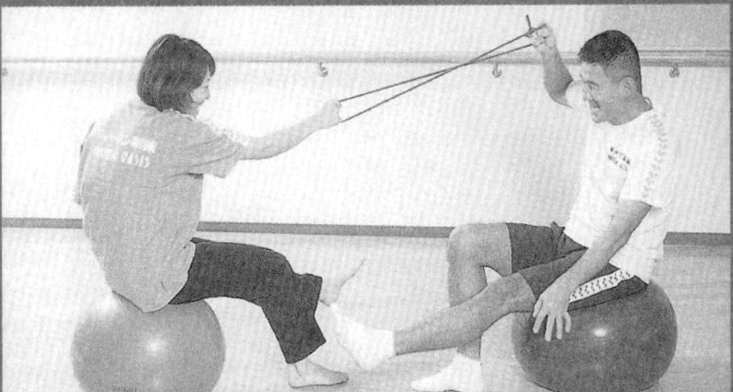

巧妙利用營養輔助食品

咕嚕
咕嚕
考慮一天三餐的營養素來攝取營養輔助食品
畢竟是輔助食品

因為工作忙碌而沒有時間用餐，或經常在外用餐的人，通常會藉著便利的速食品等打發一餐。現在我們的飲食已經出現營養偏差的問題。有些營養素無法攝取到一天的需要量，成為身體機能瓦解或生病的原因。

這時最好巧妙的利用營養輔助食品。所謂營養輔助食品，就是將各種營養素以錠劑或粉末形態製成，在藥局或超市販售。

代表性的就是含有各種維他命和礦物質、氨基酸的藥片，或用蛋白質製成粉末狀的蛋白粉，以及成為熱量來源、含有各種維他命的均衡營養食（固體狀或凝膠狀）等。可以利用這些營養輔助食品來補充每天飲食中不足的營養素。

從一般的飲食中攝取與利用營養輔助食品來補充營養，雖然等量，但兩者的效果不同。

以鎂這種礦物質為例，藉著飲食攝取的上限值，如果是更換為使用營養輔助食品，就會引起下痢。

另外，就是過剩攝取的問題。水溶性維他命攝取太多時，會隨著尿液一起排出體外，但是，脂溶性維他命攝取太多時，就會引起過剩症。想要製造肌肉而攝取太多的蛋白粉時，則多餘的部分會成為體脂肪。

總之，在想要利用營養輔助食品之際，要仔細的檢查自己的飲食生活，正確判斷到底要補充何種營養素。

最近，營養輔助食品的種類繁多，利用的人也增加了。但是，營養輔助食品畢竟是「輔助食品」。最好能夠從每天的飲食中攝取必要的營養素。

一天三餐認真攝取營養均衡的飲食，這是古今中外不變的飲食大原則。

每天的檢查表

月　　日（　　）	天氣		體重	Kg	體脂肪率　　%

本日的活動度　1. 具有活動性　2. 沒有活動	本日的運動　1. 實施　2. 未實施
本日的飲食（不是以量而是以熱量來考慮）　1. 適量　2. 太少　3. 太多	時間　　分　｜　種類
備註・日記・身體狀況等	感想

在家中可以進行的抵抗運動11

鍛鍊胸部、手臂、肩膀

A.俯臥，雙手觸地，手肘伸直，手臂張開如肩寬。保持腳跟到頭部挺直的狀態。視線置於稍遠處。

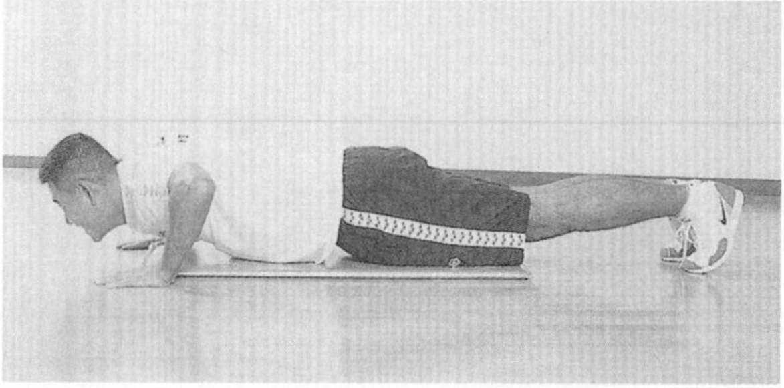

B.彎曲手肘，好像要讓胸部貼地似的將身體往下落，再度伸直手肘，回到原先的姿勢。反覆進行這個動作。如照片所示，腋下是張開的，如果腋下緊貼於體側，就會使用到手臂內側的力量。

伏地挺身

目標次數＝各10～20次

大家都知道的伏地挺身，就是讓自己的體重成為負荷，藉此有效鍛鍊胸部（胸大肌）、手臂（肱三頭肌）、肩膀（三角肌）的抵抗運動。在此介紹的是十分傳統的方法，但是，只要藉著拉大或縮小伏地的手臂間隔，就會使得鍛鍊的肌肉產生微妙的差距。

此外，一個伏地挺身都做不起來的女性，可以利用減輕負荷的方法來進行這項運動。

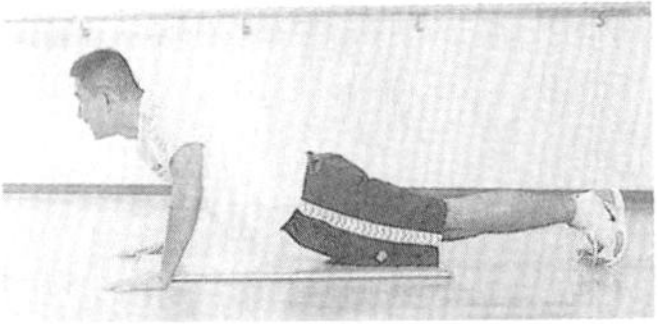

D.臀部過度下垂也是不良的示範

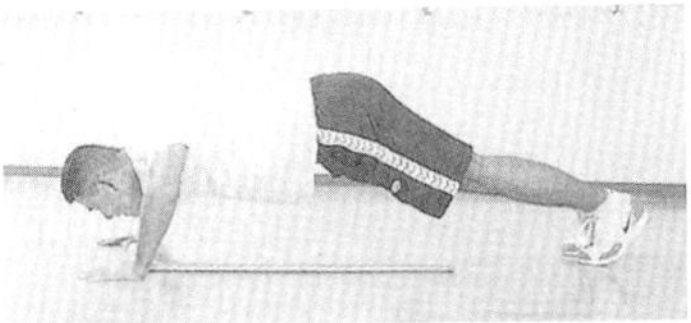

C.翹起臀部是不良的示範

F.如果仍然感覺吃力，則膝跪地的位置可以往前挪移一些，以四肢跪地爬行的姿勢來做。

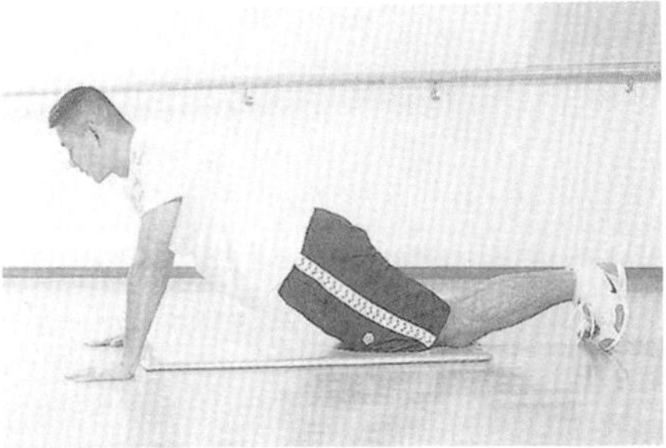

E.無法完成伏地挺身的人，可以將膝跪地來進行。

H.想要擁有比一般伏地挺身更強的負荷時，可以將腳置於台子上來進行。

G.手扶住桌椅來進行就能夠減輕負荷。在公司可利用辦公桌來進行，藉此能夠轉換心情。

每天的檢查表

月　日（　）	天氣		體重	Kg	體脂肪率　%

本日的活動度　1. 具有活動性　2. 沒有活動	本日的運動　1. 實施　2. 未實施
本日的飲食　1. 適量　2. 太少　3. 太多 不是以量而是以熱量來考慮	時間　分 ｜ 種類
備註・日記・身體狀況等	感想

在家中可以進行的抵抗運動12

利用橡皮管鍛鍊腳

負重坐凳腿屈伸

腿彎舉

目標次數＝各10～20次

進行鍛鍊大腿表面肌肉（股四頭肌）的負重坐凳腿屈伸，以及鍛鍊內側肌肉（肌二頭肌）的腿彎舉。

通常是利用健身房的機器來進行這兩個運動。

但是，利用橡皮管就可以在家中進行。膝受傷或容易出現問題的人，可以藉著這個訓練來鍛鍊大腿肌肉。

〔負重坐凳腿屈伸〕

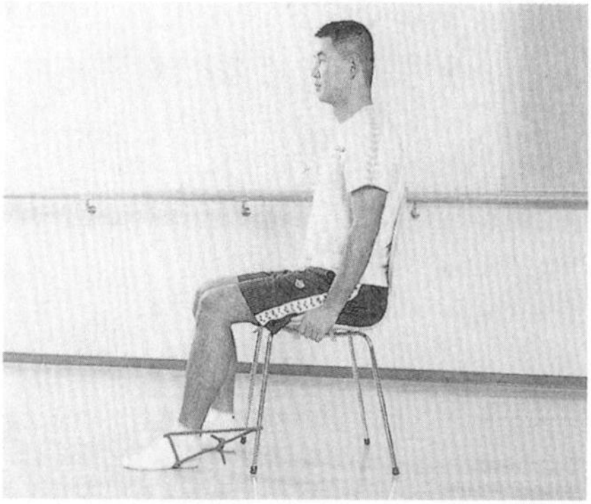

A.將橡皮管兩端綁住成為圓圈，鉤在椅腳上。坐在椅子上，腳踝置於橡皮圈內。為避免橡皮圈在運動中脫落，可以先用橡皮管繞住腳踝。

〔腿彎舉〕

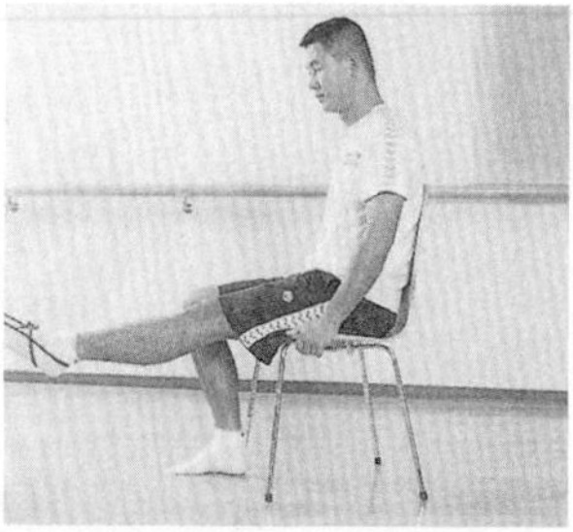

F. 橡皮圈鉤在桌腳或門把等可以固定的物品上。也可以請同伴抓住橡皮管，對面放一張椅子，兩人面對面坐著，伸直單腳，腳踝置於橡皮圈內，將橡皮圈固定在腳踝處。

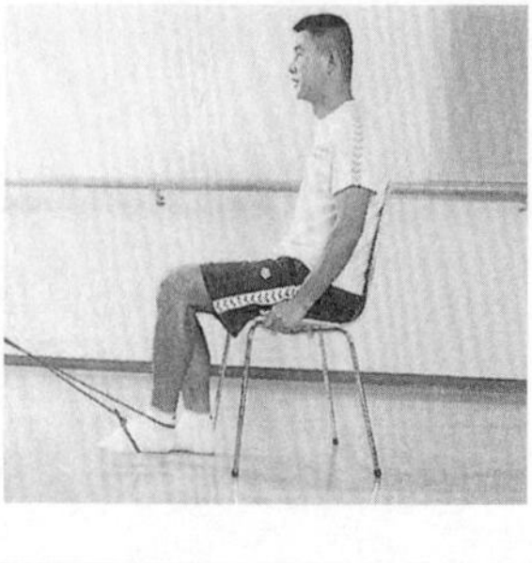

G.好像要抵抗橡皮管的張力似的，以膝為支撐點彎曲腳。彎曲之後再伸直。反覆進行這個動作。左右腳都要進行。

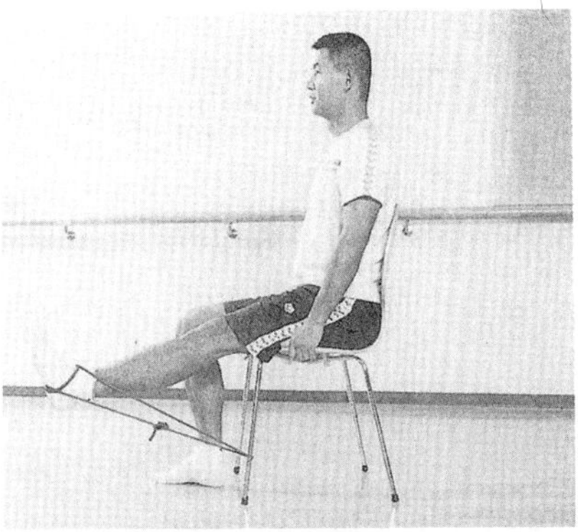

B.以膝為支撐點，將腳伸向前方，然後再彎曲。反覆進行這個動作。不論是伸直或彎曲都要慢慢的進行。左右腳都要進行。

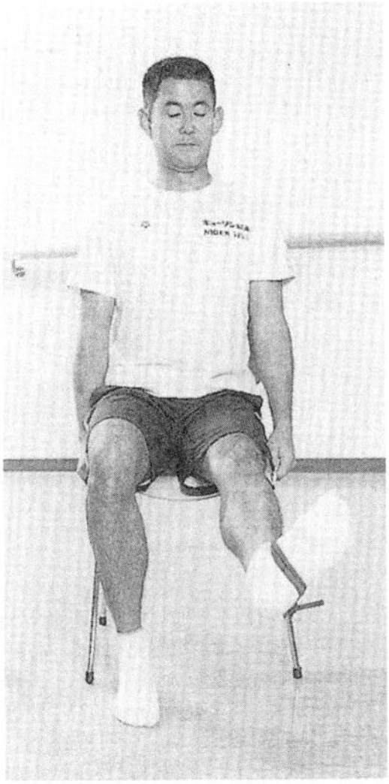

C.意識到從內踝的部分往上抬，主要是鍛鍊大腿內側的肌肉。

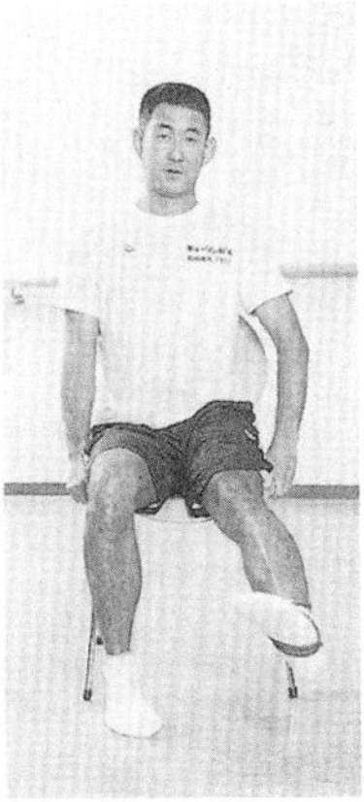

D.如果從外踝的部分往上抬，就可以鍛鍊到大腿外側的肌肉。

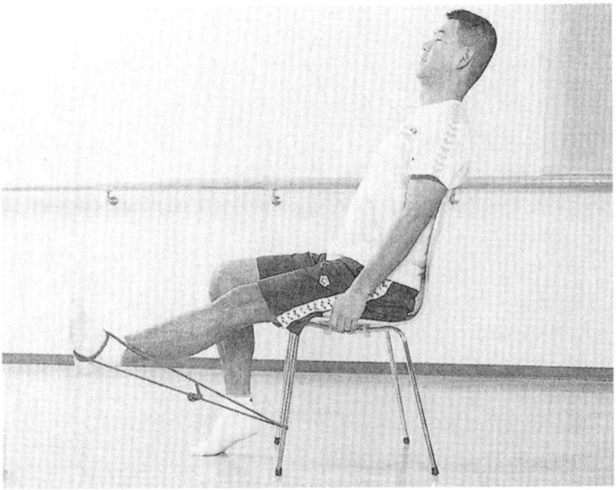

E.身體往後倒或臀部上抬都是錯誤的示範。要讓身體保持前傾來進行。

每天的檢查表

月 日（ ）	天氣		體重 Kg	體脂肪率 %
本日的活動度 1. 具有活動性 2. 沒有活動			本日的運動 1. 實施 2. 未實施	
本日的飲食 1. 適量 2. 太少 3. 太多 不是以量而是以熱量來考慮			時間 分	種類
備註・日記・身體狀況等			感想	

■第12週★★★★★★★★★★★★★★★★★★★★★★★★★★★★★

藉著運動擁有嶄新的生活

一切都是從一張宣傳單開始。A先生（三十四歲，營業員）看到貼在市民會館佈告欄上募集足球隊員的告示，立刻打電話到足球隊去詢問。

A先生只有在上體育課時曾經踢過足球，算是個外行人。但是一年後的他，已經成為球隊中不可或缺的志工，而且在比賽時也受到了重視。雖然每場比賽都吃敗仗，但是，賽後和球員們一起喝著啤酒時，感覺十分的快樂。

A先生開始踢足球後，生活完全改變。為了進行慢跑以及上健身房，他減少下班後的交際應酬，而且為了避免留下來加班，他集中精神的工作，結果業績大為提升。

原本略胖的體型，慢慢的變得消瘦，恢復到青年時代的身材。而且也自然的戒菸。注意飲食生活，連家人擔心的膽固醇值也下降了，同時個性變得開朗。

不久之後就參加地區的循環賽。A先生非常認真的接受訓練。

A先生因為覺得快樂而持續運動，每天都過得很充實。

運動原本就是一件快樂的事情。心裡一直想著必須要鍛鍊身體或減輕體重，這樣當然會產生壓力。請以悠

閒的心情和同伴們一起享受運動之樂吧！

像A先生一樣，參加當地的社團，不論是球技、格鬥技或登山都可以，只要擁有同伴和目的，就能夠提升效果。相信在你的身邊一定會有這類的市民活動。

另外，像跑馬拉松或鐵人大賽等市民比賽也相當盛行，為初學者廣開大門。例如，四百公尺游泳、二十公里的機車大賽、五公里的越野車比賽或短距離賽程，還有利用接力方式來完成的比賽，比賽項目各式各樣，可以積極的參與。

「看到眾人展露笑容的抵達終點，真是令人感動。」

這是本書主編奧運教練中島靖弘先生的描述。

新同伴、新世界在等待著你。你也可以朝運動的世界展翅高飛。

每天的檢查表

月　日（　）	天氣		體重	Kg	體脂肪率　%

本日的活動度 1. 具有活動性 2. 沒有活動	本日的運動 1. 實施 2. 未實施
本日的飲食 不是以量而是以熱量來考慮 1. 適量 2. 太少 3. 太多	時間　分 / 種類
備註・日記・身體狀況等	感想

利用平衡球的運動5

高級篇

在此為各位介紹能夠綜合提高全身平衡感的更高度運動和以玩遊戲的感覺快樂進行的運動。

A.仰躺在地，雙腳置於球上，臀部上抬。手置於斜下方的地板上。保持這個姿勢，單腳慢慢的上抬。

B.上抬的腳慢慢大幅度的朝側面擺盪。保持臀部上抬的姿勢。利用置於球上的外踝支撐身體來進行這個動作。

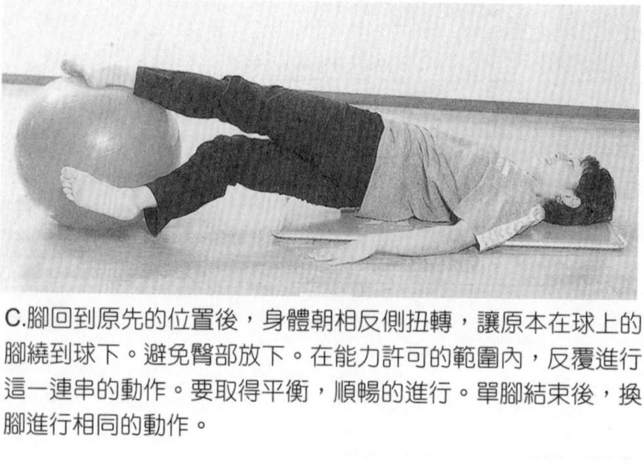

C.腳回到原先的位置後，身體朝相反側扭轉，讓原本在球上的腳繞到球下。避免臀部放下。在能力許可的範圍內，反覆進行這一連串的動作。要取得平衡，順暢的進行。單腳結束後，換腳進行相同的動作。

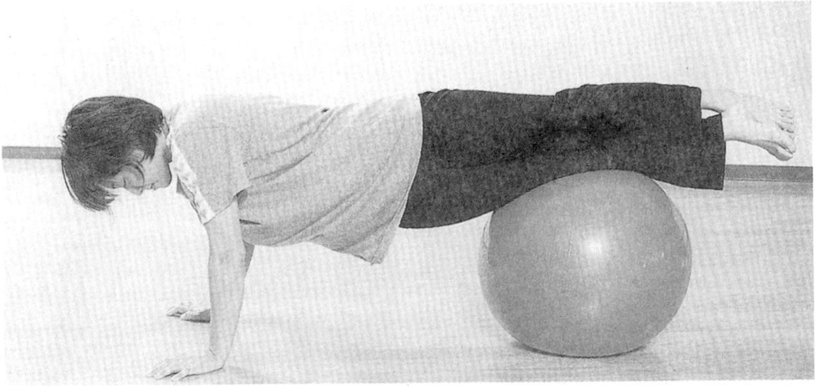

D.俯臥，雙腳置於球上，上半身維持原狀，只扭轉下半身。左右兩側都要進行。臀部不可落下。

E.二人以玩遊戲的感覺來進行運動。面對面坐在球上，單腳上抬，保持這個姿勢互相拉扯橡皮圈。只要在上方的腳碰地或身體失去平衡而從球上掉下來，那就輸了。

每天的檢查表

月　日（　）	天氣		體重	Kg	體脂肪率　%

本日的活動度　1. 具有活動性　2. 沒有活動	本日的運動　1. 實施　2. 未實施
本日的飲食　不是以量而是以熱量來考慮　1. 適量　2. 太少　3. 太多	時間　分 ／ 種類
備註・日記・身體狀況等	感想

只想讓某個部分瘦下來……關於「部分減肥」的眞假

很希望腹部、臀部、雙臂、小腿肚變瘦，甚至能夠去除脂肪讓臉蛋變小一些……，關於減肥的報導層出不窮，備受注目。而女性雜誌也經常介紹ｕ部分減肥ｖ的內容，記載了各種技巧。

結論是，很遺憾的，難以達成部分減肥的理想。

想要利用保鮮膜進行部分減肥

例如，只使用單手的網球選手，其左右雙臂的體脂肪是相同的。照理來說，慣用臂的脂肪應該較少才對，但是，這個例子證明了運動無法達到部分減肥的效果。

雜誌上也會介紹裹住保鮮膜或按摩的減肥療法。但使用保鮮膜，只是讓該部分的水分成為汗流失，而脂肪卻無法溶入汗中，只要一喝水就會恢復原狀，絕對不可能讓脂肪燃燒。洗三溫暖也是相同的情況，只是減少體內的水分而已。此外，請他人代為按摩，只不過是將脂肪分散到周圍罷了。

的確，身體有脂肪容易附著的部分。例如臉部、腹部等。雖有個人差，但基本上脂肪會佈滿全身。當然，容易附著脂肪的部分也是容易去除脂肪的部分。可以利用只擊退這些部分的方法，但是結果往往不盡理想，只能夠全身減重而已。事實上，你認為容易附著脂肪的部分，只不過是單純的外觀上比較明顯的部位而已。

利用有氧運動，花點時

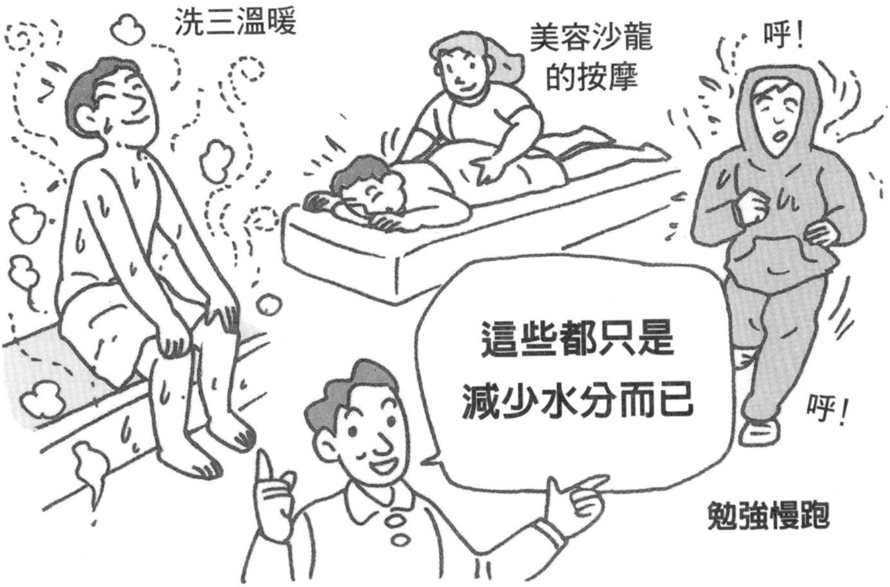

間慢慢的去除脂肪，這才是明智之舉。事實上，無法消瘦是因為攝取的熱量多於消耗的熱量所致。也就是脂肪的貿易盈餘。

脂肪分為內臟脂肪和皮下脂肪。運動時，內臟脂肪會立刻被消耗掉，腹部較容易迅速變得平坦。

但是，仍有一些減肥法不建議各位使用。這些方法非但無效，反而有害，要注意。

看到有些人穿著防風衣在跑步，也許各位認為這樣具有減肥效果，但事實上這只不過是比平常流更多的汗而已，會對運動能力造成不良影響。而且體溫持續上升無法發散，容易導致中暑，甚至會成為危險減肥訓練的不良示範。

我一再強調，流汗絕對無法讓你瘦下來，只要補充水分，又會恢復為原先的體重，所減輕的重量大部分是水分，因此，不要高興得太早。

每天的檢查表

月　日（　）	天氣		體重　Kg	體脂肪率　%
本日的活動度	1. 具有活動性 2. 沒有活動		本日的運動	1. 實施　2. 未實施
本日的飲食 不是以量而是以熱量來考慮	1. 適量 2. 太少 3. 太多		時間　分	種類
備註・日記・身體狀況等			感想	

●本週的結果和下週的目標

	一	二	三	四	五	六	日	
活動度	1 2	1 2	1 2	1 2	1 2	1 2	1 2	點
飲食	123	123	123	123	123	123	123	點
運動	1 2	1 2	1 2	1 2	1 2	1 2	1 2	點
計								點
3								次
圖 4								次
5								次
表 6								次
7								次
	一	二	三	四	五	六	日	

◆為了達成本週的目標而進行的事情

◆本週的問題點

◆下週的行動目標

第13章

由教練指導的訓練秘訣

以本書主編中島先生的建議當成本書的總結。中島先生說，想要體驗訓練的舒服感，上健身房也是一種方法。

■第13週★★★★★★★★★★★★★★★★★★★★★★★★★★★★★★★★

首先減重三公斤 讓身體變得輕盈

利用走路消耗掉多餘的脂肪。

減輕體重，身體輕盈，心情也會覺得愉快。能夠創造這樣的身心，才是健康的開始，也是最後的目的。雖說是減重，但並非是減少肌肉等有用的要素，而是要減去無用的脂肪。減重本身理論上很簡單。

脂肪可用熱量來換算。只要消耗掉想要減去的脂肪的熱量即可，這是很單純的算術。具體而言，一公斤的脂肪相當於七千七百大卡的熱量。想要減去三公斤的脂肪，則乘以三，也就是要消耗掉二萬三千一百大卡的熱量。最好是在三個月達成這個目標。因此，用三千一百大卡除以九十天，則一天要減少二五六．七大卡的熱量，只要記住一天要減少二百五十大卡即可。

藉由運動和飲食雙管齊下，就可以減少這些熱量。在運動方面，以一天減少一百五十大卡為目標。在飲食方面，以一天減少一百大卡為目標。一天要消耗掉一百五十大卡的運動，就是相當於輕鬆進行二十到三十分鐘的運動。就算不是運動，只要不搭乘電梯，改以爬樓梯的方式，或提前一站下車走路，亦即只要提升日常生活

一次跨兩個階梯，平常花點心思，就能夠改變消耗掉的熱量。

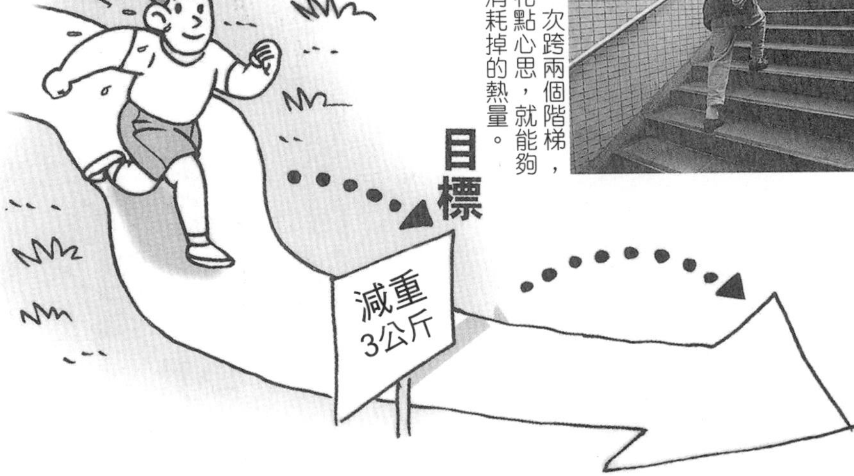

的活動水準，就能夠達成這個目標。如果依照以往的生活方式而無法減輕一百五十大卡，那麼就要改變自己的意識。關於一百大卡的飲食限制，也不是什麼困難的事。只要少喝二瓶罐裝咖啡即可。持續三個月，就能夠減少三公斤的脂肪。

不靠運動而只想藉由控制飲食來達成目的，那麼連續三個月內，晚餐不可攝取搭配主食的菜餚。如果將目標設定為五公斤，那就更辛苦了。

限制飲食和每天必須進行的運動一旦增加，則壓力也會增加。成功的秘訣是，盡量設定能夠達成的減重目標。只要達成目標值，就可以更進一步的向下一個目標值挑戰。

介紹各種食材及菜單大致熱量的書籍處處可見，可加以參考，進行平常的飲食管理。另外也可以參考八十八頁的METS表來選擇運動項目。

每天的檢查表

月　日（　）	天氣	體重　Kg	體脂肪率　%
本日的活動度：1. 具有活動性　2. 沒有活動		本日的運動：1. 實施　2. 未實施	
本日的飲食（不是以量而是以熱量來考慮）：1. 適量　2. 太少　3. 太多		時間　分	種類
備註・日記・身體狀況等		感想	

■第13週★★★★★★★★★★★★★★★★★★★★★★★★★★★★★★★

平常花點工夫就可以進行訓練

將跑步當成一種訓練是很快樂的事

上班族也許平常沒有多餘的時間可以訓練，但是，只要花點工夫，平常也可以進行訓練。

早上，提早三十分鐘起床，到附近走路，或在公園進行伸展運動、肌力運動，就能產生效果。

慢跑能夠增加運動量。牽狗散步，和狗一起快走，也是很好的運動。

早晨的運動，能夠讓身體甦醒，增進食慾，創造健康。此外，晚上早點就寢，維持穩定的生活規律，就能夠隨時充滿元氣。

如果你早上無法展現行動，那麼，利用晚上運動也無妨。在住家附近散步，或在家中陽台、庭院進行本書所介紹的運動項目，都能夠得到效果。

自己一個人無法長久持續進行時，可以和家人共同擬定課程，互相鼓勵。也可以結合同伴一起展現行動。尤其女性，在夜晚活動時一定要有同伴相隨。

可以將運動的時間設定在午休時間。首先就是要走路。快走到附近的公園，在公園進行肌力運動和伸展運動。運動後，坐在長椅上吃點東西。如果想要在工作場所持續保有活力，那麼，可以找志同道合的同事一起進行訓練，讓午休時間變成快樂時光。

此外，也可以利用上下班時間進行運動。稍微提早

在午休時間結伴慢跑。

騎自行車上下班也是有效的訓練方法。

出門，走到公車站，只要時間許可，最好提前一、二站下車走路。如果能夠拉長距離，就更具效果了。盡量少用公司或車站的電梯或手扶梯等，多利用樓梯，改革意識是很重要的。在短時間內持續爬樓梯，就能夠強化足腰。

跑步或騎自行車上下班也很有效。在都市內，搭電車上下班與騎自行車上下班所花的時間相差不多。只要注意交通安全，就可以將騎自行車上下班當成是運動效果極高的平日訓練。

午休訓練、跑步或騎車上下班的問題點，在於要更換衣服，但只要花點工夫，這並不是什麼大問題。

例如，若是公司附近有健康俱樂部，就可以騎車前往，在那兒淋浴、更衣後再去上班。另外，上班搭車，下班更換運動服跑步，這也是一種方法。

總之，只要有心，就能想出各種應變之道。

每天的檢查表

月　日（　）	天氣		體重	Kg	體脂肪率 %
本日的活動度	1. 具有活動性 2. 沒有活動		本日的運動	1. 實施　2. 未實施	
本日的飲食 不是以量而是以熱量來考慮	1. 適量 2. 太少 3. 太多		時間　分	種類	
備註・日記・身體狀況等			感想		

第13週 二十分鐘伸展運動課程

1. 下肢左右進行70秒

2. 下肢左右進行70秒

3. 股二頭肌左右進行70秒

4. 臀部左右進行70秒

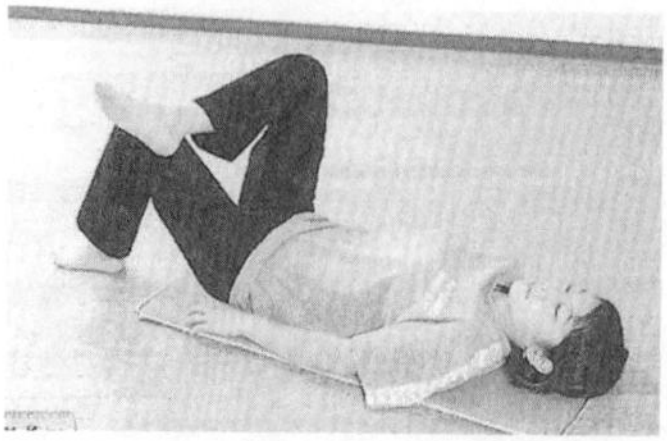

5. 大腿前部左右進行70秒

6. 腰部（扭腰）左右進行70秒

伸展運動可說是訓練菜單的開胃菜，也可當成甜點。能夠使身體柔軟，神清氣爽。伸展運動本身也具有很大的效果，只要花點時間與空間，就能夠簡單的進行有益健康的伸展運動。在此為各位介紹二十分鐘就能夠完成的伸展運動。

三大重點就是不要停止吸呼、不要利用反彈力以及不要直做到傷害身體為止。

現在就開始展現行動吧！

9. 胸部（用雙手）進行70秒

10. 胸部（用雙手）進行35秒

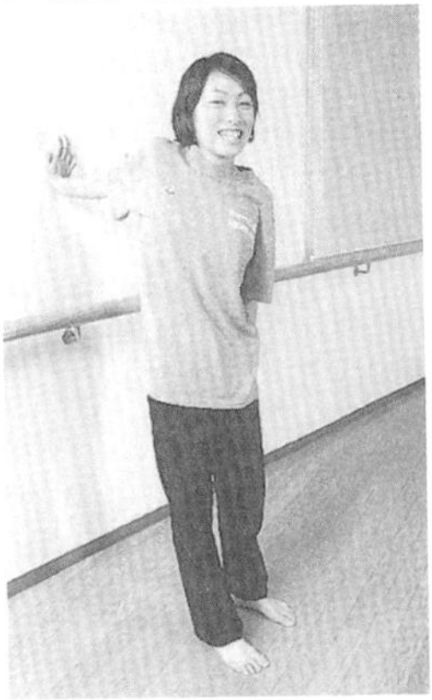

11. 頸部（用雙手）進行70 秒

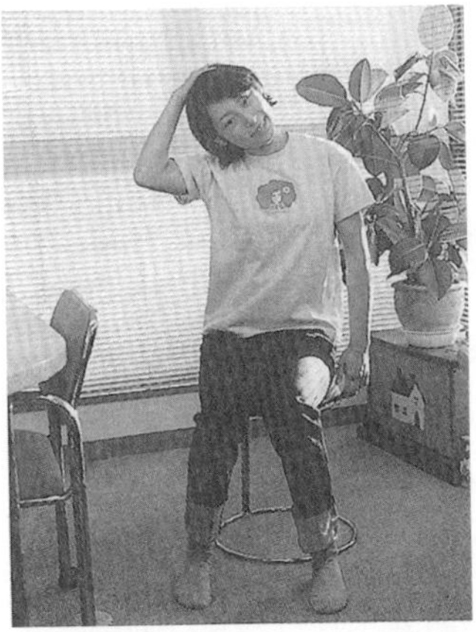

7. 以背部為主，腰部（扭腰）左右進行70秒

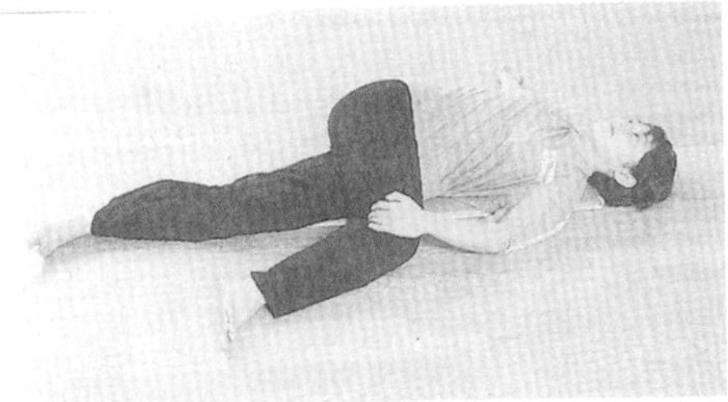

8. 整個腰部進行35秒

每天的檢查表

月　日（　）	天氣		體重	Kg	體脂肪率 %
本日的活動度：1. 具有活動性　2. 沒有活動				本日的運動：1. 實施　2. 未實施	
本日的飲食：不是以量而是以熱量來考慮　1. 適量　2. 太少　3. 太多				時間　分	種類
備註・日記・身體狀況等				感想	

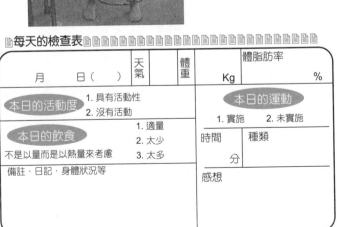

■第13週★★★★★★★★★★★★★★★★★★★★★★★★★★★★★★

巧妙的利用健身房

利用最先進的技術進行有效的運動

每天在家中或公園進行訓練而覺得厭煩時，不妨前往附近的健身房。

在此有專門機器和專業教練為你服務，能夠有效的創造健康的身體。若能和志同道合的同伴一起進行，就更能夠擁有快樂的訓練。

大部分的健身房都屬民營機構，當然也有一些公營設施，有些學校和公司也設有健身房，同時附設游泳教室。以先進國家美國為例，總人口半數以上都會利用健身房，相信今後國內也會有更多的人利用健身房來維持健康。

健身房的優點就是硬體方面比較充實。因為是以創造美好身材、維持健康肉體為目的的專門設施，所以，這一類的設備或機械齊全。

在健身房有跑步機、健身車等各種機器，可以在這裡進行各種運動。有些健身房也設有游泳池、跑道或球場等。

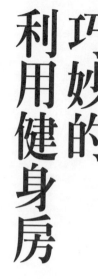

不只是硬體，軟體方面也相當的充實。基於最新的理論來設計健美課程或是減肥課程，並且配合顧客的需要、年齡、體格來製作訓練課程。

例如，想要塑身的人可以選擇長期綜合的訓練課程。有點肥胖的人可以選擇能夠適當減肥的課程。想要放鬆身體的人可以選擇搭配伸展運動、按摩等能夠得到放鬆的課程。而維持體力、

可以進行游泳有氧運動或肌力訓練等各種運動

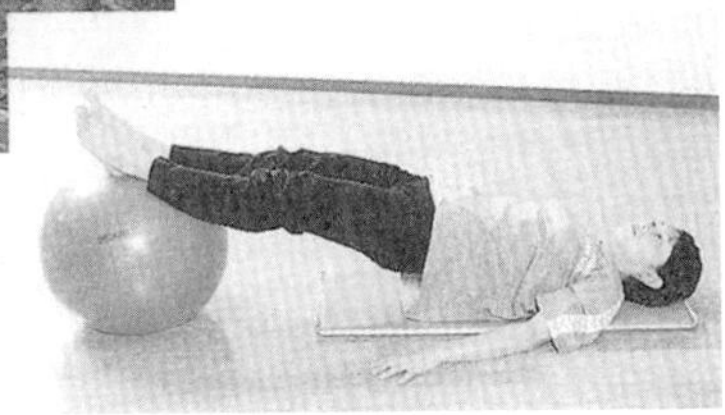

在健身房有使用球的運動等各種訓練軟體

創造柔軟身體的課程則適合中高年齡層。

最近的健身房除了運動之外，也準備了能夠快樂增強體力的菜單。不只是韻律教室，還有各種民俗舞蹈、瑜伽、太極拳、氣功等的教室，另外也安排發聲訓練、防身術等課程。

訓練無法長年持續的理由，與其說是訓練的痛苦，還不如說是精神上的感覺不佳。

自己一個人去持續進行單調的訓練，需要耐力和努力，但是，如果有志同道合的人共同參與，就能夠使得訓練時間延長三倍。到健身房去，自然就能夠結交到這樣的朋友，這也是健身房受人歡迎的一大魅力。

民營健身房陸續增設，收費日趨便宜。

此外，也有推出體驗價優惠及短期集中課程等，可上網收集資訊，找尋適合自己的健身房。

■第13週

如何選擇健身房

挑選方便前往的健身房才是運動能夠持之以恒的秘訣。照片是東急運動綠洲新宿店。

最近和以前相比，健身房的費用便宜了許多，但是既然要繳會費，就應該依自己的需要來慎選健身房。

選擇健身房的重點是什麼？可上網收集資訊。

以下介紹選擇健身房的重點。

1．場所

為了能夠方便長期持續前往，最好選擇在住家或公司以及經常前往購物的街道附近的健身房。總之，以方便前往為原則。路途太遠，恐怕容易因為偷懶而放棄。

2．設施

基本上應該都擁有健身房、游泳池、視聽室、更衣室這四個主要空間。因此，乾淨、容易使用乃是選擇重點。

這四項中，尤其更衣室（包括洗澡間、淋浴室、租用櫃等在內）是每天都要利用的空間，所以，務必仔細確認。

有些健身房人潮過度擁擠，因此，要找一個自己容易利用的時間帶前往了解一下。仔細確認擁擠的情況，以免加入之後因為使用人數太多而裹足不前。另外，附

要確認各種機器、視聽室、游泳池等設備

帶設施停車場及托兒室也要加以確認，了解空間大小、時間及費用等。

3．課程

即使前項所列舉的四個主要空間等硬體十分完善，但是，如果在該處所進行的運動課程、活動以及各種服務一成不變，也無法得到快樂、舒適的健身效果。同時，也要仔細確認自己感興趣的空間的運動課程。

初學者也要了解適合自己課程的充實度。配合自己的時間進行自己想要的運動課程，才不會使得利用價值減半。

4．人員

雖然課程數很多，但是，如果想要參加的課程或時間帶的品質較低，就無法成為快樂、有效的運動。即使課程的名稱相同，但依提供課程的教練之不同，效果也截然不同。因此，要確認教練的水準。

5．費用

儘管符合前面四項，但是，如果費用太高也是一大問題。在景氣好的時候，健身房的行情看漲，但是，最近因為陸續開業，所以，收費便宜了很多。

甚至有些時間帶的收費低廉，例如分為上午會員、下午會員、平日會員、假日會員等，配合自己的時間及想要利用的空間等來選擇，比較經濟實惠。

此外，全家人同行或採用年繳方式，可以享受更高的優惠。首先要了解收費方式。

這些都是選擇健身房的重點。

到你認為「應該不錯」的健身房去走一趟，實際觀摩一下。如果可以先體驗一下，那麼先參加體驗班，藉此就更能夠了解健身房的氣氛以及硬體、軟體方面的設施，同時也能夠大致了解一下工作人員的能力。

另外，也可以從友人那兒取得資訊。透過已經加入者的建議，能夠更確實的掌確健身房的內容。

工作人員的應對態度也是挑選健身房的重點

設備完善的東急運動綠洲

主編介紹

中島　靖弘
1965年6月9日出生
1988年3月　畢業於日本體育大學體育學部體育科
1989年3月　辭去神奈川縣立旭高等學校體育科兼任講師的職務
1989年4月　加入（株）東急運動綠洲東京公司
擔任統籌教師，進行該公司所有教師的教育，負責開發軟體等
從2000年1月開始成為自由人士。
得到巨林製藥的贊助，負責處理選手及兒童等一般運動的項目。2000年9月擔任鐵人大賽的健身教練，隨同隊員一起參加2000年雪梨奧運。是巨林約聘健身教練／（株）NIDEK鐵人大賽教練、健身教練／中央大學游泳社健身教練／（株）東急運動綠洲健康諮詢顧問。

讓孩子們體會到運動的樂趣

給予我指導的漢城奧運及全日本排球隊的醫師林光俊先生（杏林大學醫學部整形外科）、支持我的活動的巨林製藥的荻原郁夫社長、朋友兼教練而給予我各種建議的高橋仁先生（八王子工專），再加我等四人，一年會聚會數次，聊一些運動方面的話題。不論是進行運動或觀賞運動都必須是一大樂事，這是我們一再強調的重點（光是討論運動就讓我們覺得很快樂）。

日本鐵人大賽聯隊主辦的「少年鐵人大賽教室」(巨林製藥特別贊助)，從2000年4月開始，每年會以中、小學生為對象，在全國二十個地點舉辦活動。我在擔任這些活動的指導者而思考教室的內容時，首先想到的就是「要如何讓孩子們體驗到快樂的運動」。並不只是教導他們技術或知識，同時在教室中也要盡量多增加一些富於遊戲性的內容。畢竟讓孩子們感覺到「運動是快樂的事」這才是最重要的。事實上，孩子們在玩遊戲或舉行小型比賽時所展露出來的笑容是最燦爛的。此外，我也一定會帶一些頂尖選手前往，讓孩子對運動懷抱嚮往與夢想。

與選手接觸時，孩子們的笑容天真無邪。我們現在正準備和J聯隊的湘南隊一起建立地區綜合運動俱樂部。希望在國內能夠將運動當成是鍛鍊身心的手段來加以利用。不只是教導大家創造體力或技術的運動，同時也希望運動能夠從遊戲發展為文化。因此，想要建立一個能夠讓大家在地區內輕鬆享受各種運動樂趣的環境，這樣才能夠創造富於快樂遊戲要素的運動。希望能夠成立這類的俱樂部，讓男女老少能在俱樂部中和頂尖好手互相交流。

國家圖書館出版品預行編目資料

三個月塑身計畫 / 中島　靖弘 編著，劉珮伶 譯
一初版一臺北市：大展 ， 2005【民94】
面 ； 21公分 一 (快樂健美站；11)
譯自：家で出来る！ボディ改造3ヵ月計画
ISBN957-468-373-7 (平裝)
1.運動與健康　2.塑身

424.1　　94002702

三個月塑身計畫　ISBN 957-468-373-7

編著者 / 中島　靖弘
譯　者 / 劉珮伶
發行人 / 蔡森明
出版者 / 大展出版社有限公司
社　址 / 台北市北投區（石牌）致遠一路2段12巷1號
電　話 / （02）28236031・28236033・28233123
傳　真 / （02）28272069
郵政劃撥 / 01669551
網　址 / www.dah-jaan.com.tw
E-mail / service@dah-jaan.com.tw
登記證 / 局版臺業字第2171號
承印者 / 弼聖彩色印刷有限公司
裝　訂 / 建鑫印刷裝訂有限公司
排版者 / 順基國際有限公司
初版1刷 / 2005年（民94年）5月

定價 / 280元